Homemade

Hydrosol

Homemade
Hydrosol

Homemade
Hydrosol

凝香，
手工純露
的科學
與實證

余珊的蒸餾教室，
花草木果DIY精油、
純露的萃取方程式

余珊 著　Jozy 繪

Homemade
Hydrosol

發想

自 2018 年出版了《純露芳療活用小百科》後，我發現越來越多人知道「純露」是什麼。有的人稱它「花水」，有的人稱它「蒸餾水」，也有人叫它「會香的水」，我也聽過稱為「花露水」的。

純露的英文名稱為 Hydrosol，自 1864 年開始使用這個字，實際上可以由兩個字拆開來看：hydro 指的是水，sol 指的是 solution，也就是溶液的意思。

「溶液」在化學上的定義為：溶質（比例較少的）＋溶劑（比例較高的），舉例來說就是糖（溶質，比例較少的）＋水（溶劑，比例較高的）成為了糖水（溶液）。

Hydrosol 這個字用得相當好，意思是「水的溶液」，而這個溶液中還含有其它含量比水少的活性成分，所以溶質（植物內的揮發活性成分）＋溶劑（水 hydro）＝含有植物成分的水溶液（Hydrosol，純露）。

在歐洲，蒸餾所得的副產物被稱為 hydrolat 或 hydrolate，這個名詞最早在 1980 年代中期進入芳香療法的詞彙裡；1990 年代初期，美國用了 hydrosol（水溶液）一詞，它的定義是蒸餾完成後，將精油分離後所剩餘的水。所以，在歐洲，純露名稱是 hydrolat 或 hydrolate，而美式用法就是 hydrosol，這幾個單字所代表的都是「純露」。

幾次前往法國南部，所見都是滿滿的植物收成、堆積如山的植材在蒸餾鍋中進行蒸餾，歐洲有品項眾多的精油、純露製成品，這些精緻農業成品行銷全球，在此之前我心中一直有個疑問：為什麼精油、純露只有歐美國家有？臺灣、甚至其它亞洲國家也能有啊！

在臺灣，這些芳香產品99%仰賴進口，因此售價也無法降低，光是運送費用可能就比產品本身價值還要高了！每次進口這些精油、純露或其他香氛產品時，都深深感到如果可以自己做，就不用大費周章海空運來臺了。當然，原裝進口還是有一些優勢。例如：歐盟的有機認證等品質控管，以及一些特別適合歐洲氣候種植的植材種類。

就我自歐洲進口純露多年的經驗，由於運送時間與運送旅程中一些無法控制的狀況，例如：運送時間過長或過程中的氣候溫度等因素，少數純露到達臺灣後沒有多久就會產生菌絲而折損，且折損率蠻高的，讓我開始思考自己實做「蒸餾」取得精油、純露這件事，並評估是否有在地的植物可使用。

雖然沒有歐洲的薰衣草、保加利亞的大馬士革玫瑰，但臺灣有滿滿的積雪草，家裡陽台就能種活薄荷、迷迭香、到手香、天竺葵等，尤其臺灣夏季時間較長，我們有很多小農種植荷花、香水蓮花，就連臺灣溪流邊夏天盛開的野薑花目前也有農民在種植；還有常年有花可收成的玉蘭花、巷弄圍牆邊的七里香小白花、秋冬和平東路與新生南路兩旁開到爆炸的白千層樹及苗栗銅鑼的杭菊花、目前廣泛在臺灣農場已馴化種植的澳洲茶樹、南部屏東也有專門種植金銀花與晚香玉的農民……這些都是能製成純露的植材！取自在地植材製作純露及精油，應該是最合乎經濟效益的。

2018年，我開始蒸餾製作精油及純露，同時開辦蒸餾工藝的專業課程，以往在歐洲被當成配角的純露，我決定讓它在我的課程中擔任最佳女主角。為什麼呢？因為其實水溶性的純露使用起來是最安全方便的，而在蒸餾工序中，許多得油率較低的植材我並沒有將它蒸餾出來的精油與純露進行分離（例如玫瑰花、茉莉花），就讓精油自由混溶在純露中，所以純露中都會含有1至2%左右的精油成分，也更增加了自製純露的價值。

學習

　　有了自己蒸餾的想法後，我開始搜尋以往在南法精油廠裡所拍攝的一些蒸餾過程，仔細回想法國精油廠中關於蒸餾精油的製程，心裡想著，既然要做就要做到專業，於是我開始針對蒸餾精油與純露的工藝尋找大量文獻與閱讀。

　　我本身對於植物有著超乎常人的熱愛，面對這些枯燥、索然無味的文獻報告，我卻愛不釋手、樂此不疲，時常是一閱讀完相關文獻，就立即著手規劃實驗；實驗過程中，仔細觀察記錄，實驗結果分析檢討，從理論面開始仔細研讀，進而動手實作。面對漫長的研讀、實驗過程，很幸運的是我身旁有一位專屬於我的有機化學老師，整個學習過程中，我不斷詢問他蒸餾工藝中我能想到、遇到的每個細節與問題。

　　我從架設實驗室與蒸餾器材自學植物蒸餾開始，學習觀察所有蒸餾過程的溫度變化，計算餾出速度、冷凝溫度、判斷蒸餾結束時間，從開始的第1種植材，一直到目前已經製作超過 30 種品項左右的植物。在此書中，摘錄臺灣比較容易取得甚至在自家就能種植的植物來書寫，個人認為，寫一些不易取得的植材實在也沒什麼意思！每一種植物需要使用的前置預處理方式都不盡相同，這些細節也都收錄在這本書中，這本書應該可以說是我閱讀了大量文獻與親身實作後的最佳產物。

探訪

工欲善其事，必先利其器。產生蒸餾純露的念頭後，接著需要「植材」與「蒸餾器」。

植材的種類很重要！從基本的柑橘類（例如檸檬、香橙、橘子、柚子等）來說，柑橘類很容易在市面上買到，但花朵類、大樹類多數就需要向小農採購，這時就有了另一項工作與樂趣——尋找種植這些植材的農民。

雖然近幾年臺灣種植芳香植物的小農有越來越多的趨勢，但是我需要的植材不能噴灑農藥（或在使用農藥上有嚴格規範，起碼在採收期農藥必須無殘留），在我遇到的種植型態中，最佳的是全自然放養、不使用任何農藥（目前十分困難），為了探訪搜尋各類植材、了解植材種植現況，我便開始了臺灣芳香之旅，在春夏秋冬四個不同的季節，尋找種植芳香植物的小農。

這些探訪之旅，除了滿足我對植材種植情況的掌握，更結交了無數喜好拈花弄草的好朋友，從他們自身經驗中也學習到很多植材專業知識，體會到種植這些香草植物的酸甜與苦澀。

在蒸餾器的選擇上，我從材質挑選、結構設計、蒸餾器的製作工藝著手，參考能閱讀到的相關文獻，從不同的角度面向去評選，就是要挑選出一款品相最佳、操作最簡單、結構設計最合適精油與純露蒸餾的蒸餾器；期間我購買過許多不同材質、外型的蒸餾器進行操作與評鑑，最後才在歐洲找到一款方方面面都滿足我要求的「銅製蒸餾器」。

我也開始在自己的蒸餾課程中讓學員們使用這幾款自己最滿意的蒸餾器，我相信它能夠讓初學蒸餾的學員遭遇最少的問題，獲得最大的成就感。在尋找蒸餾器的過程中，我也發現「蒸餾酒的蒸餾器」與「蒸餾精油純露的蒸餾器」是最容易讓大家混淆的，所以關於蒸餾器的選擇要素、該如何挑選合適的蒸餾器等問題，我在書中章節也有詳盡介紹。

　　探訪植材的第一站是夏天，我從屏東開始拜訪了玉蘭花花農，非常感謝這位回鄉打拼的玉蘭花農張希仁，感謝他給予我在地的一切協助，他知道我要的花材是用來製作純露，因此特別提供給我沒有噴灑農藥的玉蘭花。之後，我又陸續拜訪了種植晚香玉、金銀花、桔花、金盞花、依蘭花與香水蓮花的小農；到了秋冬，是苗栗銅鑼鄉的杭菊花季節，我也在銅鑼鄉農會葉主任的協助下，認識了杭菊花的採收與製程。

　　台中霧峰的瓜果農，是我花了大量時間搜尋才找到的玫瑰花愛好者，他原本是位種植瓜果的年輕瓜農，種植玫瑰只是偶然，在瓜果田邊「順便」種了些玫瑰自己觀賞用，從小規模栽種進而掌握了種植技術，才開始擴大栽種面積。我聽他說：「幾年前種了將近一甲地的玫瑰，但無人問津，無奈只好縮減到用 2 分地種植玫瑰，誰知道最近這 2、3 年無農藥玫瑰卻開始供不應求。」

　　玫瑰花在臺灣多數是觀賞用花卉，而觀賞用玫瑰為了保持外觀的美麗完整需要噴灑農藥防蟲害，要找到使用自然農法又有產量的小農是不太容易的事，造訪當天，他所栽種的玫瑰花都已接受預訂，無法提供給我足夠蒸餾的數量。

　　我多次尋找無毒玫瑰花，當中遇到相當多問題與挫折，大多數玫瑰花農都是供給花卉市場作為觀賞切花，為了保持花型完整，一定需要使用農藥，而且我需要的數量也不多，以至於在植材尋找中遇到相當多挫折。雖然我並非玫瑰深度愛好者，但是，精油與純露的世界中，怎能少了這花中之后呢！

　　經過無數次尋找無毒玫瑰落空，我有了自己種植的想法，並且選擇全數種植「強香型」、「多瓣型」的玫瑰，從 3、5 盆到現在種植了將近 60 盆以上的強香型玫瑰花，幾乎每週都有鮮花可以採收，花季時更是每天都有玫瑰花可採。

　　我克服了玫瑰花植材取得的難題，種植玫瑰也是件非常療癒的事，每天早晨親手剪下自己種植的玫瑰花，那種滿足的心情，真的難以表達，再進一步蒸餾製作成玫瑰純露，更是非常有成就感的一件事。

所以我常在課堂上與同學分享，如果自家有陽台或頂樓的空間，可以種植1、2盆容易上手的芳香植物（例如薄荷、檸檬香蜂草或雷公根，它們都是很容易種活的植物），每3至4週左右就可以採摘製作蒸餾，從親手種植到蒸餾出純露與精油，能擁有滿滿成就感。

　　很幸運的是，住家旁有一小塊空地讓我能種植芳香植物作為蒸餾教學用，植物能採收時我便去修剪下來，回家馬上製作成純露或加以適當保存。有了這些天時與地利，給予我更多信心去鑽研、學習純露的領域，而每一段自我學習與摸索的歷程，也都是課程中最鮮活、最實際的教材，期許自己在專業蒸餾教學的道路繼續精進，繼續前行。

此書

　　這本書寫給所有想自己動手蒸餾純露、精油的天然產物愛好者，如果你對自製純露、精油有興趣，在這本書裡可以知道每一個蒸餾製程的步驟，了解芳香植物在哪個季節能採收或可到哪裡購買，還有芳香植物哪個部位能蒸餾使用，以及蒸餾製作前有哪些預處理、銅製蒸餾器具的選擇及購買等相關問題。

　　希望這本書的經驗能讓讀者在蒸餾純露與精油時得到幫助，讀完書後也能自製各種品項的純露、精油，提供自己與家人更好的天然植物水，作為生活上全方位的應用。

　　我也歡迎讀者前往 Facebook 搜尋「寶貝香氛 bébé」，與我分享任何有關此書中應用的相關問題。

　　同時感謝麥浩斯出版社的張淑貞社長及副總編輯斯韻，尤其是斯韻在這段過程中給予我的意見及專業協助，並感謝不完美工作室在我們的蒸餾工藝課程協助拍攝的課程照片，更感謝我的私人有機化學老師 Eddie 王，在這段不算短的日子當中給予我一切的鼓勵與無限支持，讓我能有動力與能力將這本書完成，一切都是美好的開始。

靜宜大學化粧品科學系副教授
張乃方

　　2018 年，余珊出版第一本書《純露芳療活用小百科》時，我有幸受邀為她撰寫推薦序，同時也看到她對於純露領域的熱情與認真，至今三年間絲毫沒有間斷的鑽研與深入學習，依舊身處她所喜愛的植物與純露的世界裡。於是，2022 年的現在，我要再度為她的新書寫序──這是一本關於蒸餾自製精油與純露的新書。

　　「蒸餾工藝」是擁有悠久歷史傳承的一門科學，無論是在採取植物精油與純露，又或是在威士忌等製酒工業上的使用，後人就只有讚嘆的份了！

　　近年時興回歸自然，風靡於自製各種跟植物有關的日常物什，只可惜讓讀者輕鬆入門的書籍很少能做到深入淺出解說而又兼具專業性──像是植材取得的時機？植材到底該怎麼處理？蒸餾器的設計有些什麼影響？該添加多少蒸餾用水？過程中該控制的要項又有什麼？能收集到多少純露？蒸餾所得的精油與純露又該如何正確分離與保存──這些無一不是讀者們心中存在已久、想問又不一定找得到真實答案的問題，我想應該都在余珊的這本新書裡了。

　　我知道她在這三年間，親自走訪了每個取得植材的故鄉，查找閱讀了無數的文獻資料，更進一步自己親自蒸餾、實驗並製作紀錄，同時也將她在蒸餾教學課程中，所遇到的問題與經驗，都毫無保留寫在這本書裡，書籍內容非常詳盡而專業，絕對可以讓讀者以最科學、最有系統、最淺而易懂的方式學習到「蒸餾工藝」。

　　正如我為余珊第一本書所寫的序中所言：「期許未來能讓純露與我們的日常生活更為貼近」，我很開心她又做到了，她讓廣大愛好植物與芳香療法的讀者，不僅能夠了解與使用，而且再更進一步學習自製蒸餾精油與純露，讓純露的科學走入我們的生活中。

　　在此，祈願與各位讀者一起享受美好，也恭喜本書作者余珊！

CONTENTS

CHAPTER 2

易於取得！
能萃取純露的植物 Plants for Hydrosol

CHAPTER 3

手工純露
的生活應用 Applications of Hydrosol

CHAPTER 4

DIY 純露
問與答 Questions about Hydrosol

CHAPTER 1

手工純露
的
基礎

Basic Knowledge of Hydrosol

1-0

手工純露的蒸餾流程與書籍應用總表

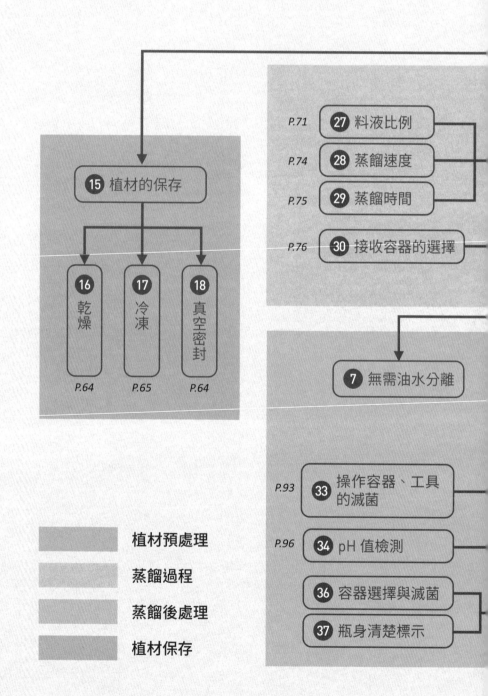

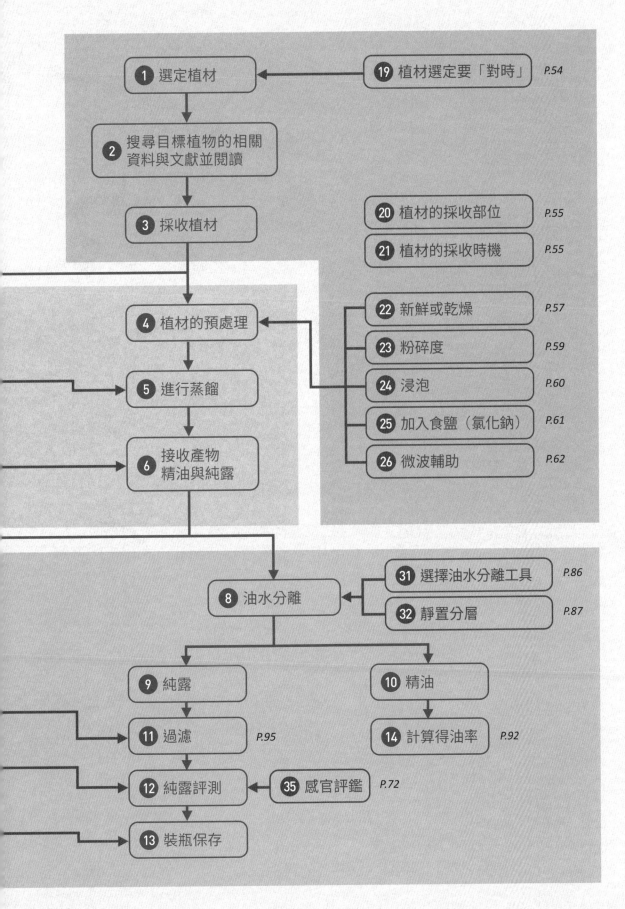

1 選定植材

19 植材選定要「對時」 *P.54*

2 搜尋目標植物的相關資料與文獻並閱讀

3 採收植材

20 植材的採收部位 *P.55*

21 植材的採收時機 *P.55*

4 植材的預處理

22 新鮮或乾燥 *P.57*

23 粉碎度 *P.59*

24 浸泡 *P.60*

25 加入食鹽（氯化鈉）*P.61*

26 微波輔助 *P.62*

5 進行蒸餾

6 接收產物 精油與純露

8 油水分離

31 選擇油水分離工具 *P.86*

32 靜置分層 *P.87*

9 純露

10 精油

11 過濾 *P.95*

14 計算得油率 *P.92*

12 純露評測

35 感官評鑑 *P.72*

13 裝瓶保存

1-1
蒸餾

蒸餾的原理

純物質在一定的壓力下具有一定的沸點，不同的物質具有不同的沸點，蒸餾就是利用不同物質間沸點的差異，對液體的混合物進行分離的方法。

當我們對液態的混合物加熱時，由於沸點低的物質揮發性較高，它會先到達沸點然後完全汽化，經過冷凝裝置冷卻之後，又重新凝結為液態被蒸餾出來；而高沸點的物質，由於不易揮發而停留在蒸餾的原容器中，進而使混合物能夠分離。

舉例來說，丙酮的沸點約為 56℃，水的沸點為 100℃，當我們把丙酮和水混溶在一起，要將它們兩者分離開來，就可以運用蒸餾來達成。當我們對混溶了丙酮和水的液體加熱時，丙酮會先到達沸點而汽化，經由冷凝後被蒸餾出來，而水則會留在原蒸餾容器中。這樣我們就有效的分離了丙酮和水。

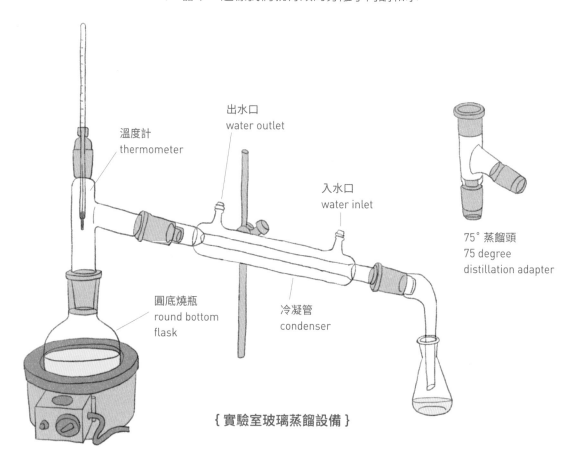

溫度計
thermometer

出水口
water outlet

入水口
water inlet

75° 蒸餾頭
75 degree
distillation adapter

圓底燒瓶
round bottom
flask

冷凝管
condenser

{ 實驗室玻璃蒸餾設備 }

當我們利用蒸餾有效分離了丙酮和水這兩個溶液，若是把丙酮換成廚房常用的橄欖油，把橄欖油和水混溶在一起，然後加熱進行蒸餾，橄欖油的沸點約在160℃，而水的沸點只有100℃，比橄欖油低，所以水會先達到沸點而被蒸餾出來，而留在原蒸餾容器中的則會是橄欖油嗎？

實驗的結果並不是如此。我們會發現蒸餾出來的水中，都會帶橄欖油的味道，也就是說，在水被蒸餾出來的同時，也有橄欖油同時被蒸餾出來，所以我們沒有辦法利用蒸餾這個方式來有效分離與水「不互溶」的橄欖油。

水蒸氣蒸餾有一個特性，就是當待蒸餾的混合溶液中，含有水和與水「互不相溶」的物質，當水汽化成水蒸氣被蒸餾出來的同時，會把跟水「不能夠互溶的揮發性物質」也一起蒸餾出來。就是這一個特性，讓我們能夠運用加水蒸餾的方式，將植物裡面的精油（不溶於水）與水一起蒸餾出來。

在這裡列舉三種玫瑰精油中的揮發性成分來說明：

醇類：苯乙醇，沸點 219.5℃，略溶於水。
酯類：乙酸香茅酯，沸點 119 ～ 121℃，不溶於水。
酚類：甲基丁香酚，沸點 254 ～ 255℃，不溶於水。

苯乙醇、乙酸香茅酯和甲基丁香酚，三者都是玫瑰精油中含量算高的成分，這三種物質有著不同的沸點，但都與水呈現「幾乎不互溶」的狀態。而運用水蒸氣蒸餾的特性，當我們將玫瑰進行水蒸氣蒸餾時，在水的沸點100℃的時候，就可以將沸點219.5℃、119 ～ 121℃以及 254 ～ 255℃的這三種物質，與水同時被蒸餾出來，而不需要等到加熱到這三種物質的沸點。

也就是說，我們可以利用水蒸氣蒸餾的這個特性，把植材中全部「與水不互溶」的揮發性成分，都利用水蒸氣蒸餾法，在水相對較低的沸點下，同時蒸餾出來。總括來說，水蒸氣蒸餾的方式，適用於「具有揮發性的」、在「水蒸氣蒸餾的溫度下不與水發生反應」並且「難溶或不溶於水」的成分，將其蒸餾出來。

蒸餾植材到底能蒸餾出什麼成分？

依順序了解「蒸餾的原理」以及「水蒸氣蒸餾法」運用在蒸餾植物的特性後，我們在這個章節，要把植物中哪些活性成分可以被蒸餾出來？什麼成分又會被留在蒸餾底物之中？做一點簡單的分類與歸納，分成以下兩個類別來說明。

揮發性與非揮發性成分

不論在本書的章節或網路上蒸餾相關的文章中，都常常看到「揮發性成分」這個名詞，那麼，什麼是揮發性成分呢？「揮發性」是指液態物質在低於沸點的溫度條件下轉變成氣態的能力，以及一些氣體溶質從溶液中逸出的能力。

具有較強揮發性的物質，大多是一些低沸點的液體物質。按照世界衛生組織的定義，沸點在 50 ～ 250°C 的化合物，在常溫下化合物的狀態可以蒸氣形式存在於空氣中的有機物，稱為「揮發性有機物」。

簡單來說，當你可以在不同的距離，都能聞到某一個東西的味道時，我們就可以說它是「揮發性物質」，其中含有一種或是多種「揮發性成分」，就像是咖啡、茶、酒等。距離遠也能夠聞到它的味道，就代表它的揮發性越強、蒸氣壓越大、沸點越低。

就算把鼻子湊在容器前方用力嗅聞，我們也沒辦法分辨哪一杯是「鹽水」或哪一杯是「糖水」？因為鹽水和糖水都是聞不到味道的，而「鹽水」跟「糖水」就是我們稱的「非揮發性物質」。

蒸餾所能夠蒸餾出來的產物，一定是屬於「揮發性物質」，「非揮發性物質」是蒸餾不出來的。當我們把海水曬乾之後，海水中的鹽會因為水分漸漸蒸發而結晶析出，並不會隨著蒸發的水分一起被帶出來。

所以，蒸餾的產物一定是「揮發性物質」！
這是第一個重要的概念與分類。

水溶性與非水溶性成分

　　「水溶性成分」泛指可以溶於水或與水互溶的成分，「非水溶性成分」就是指不溶於水或與水不能互溶的成分。

　　有了上述的概念，我們就可以對蒸餾的產物與底物（留在蒸餾器中的溶液）加以分類。

蒸餾出來的精油：揮發性、非水溶性的成分。
蒸餾出來的純露：揮發性、水溶性的成分。
蒸餾的底物：非揮發性的、水溶和非水溶性的成分。

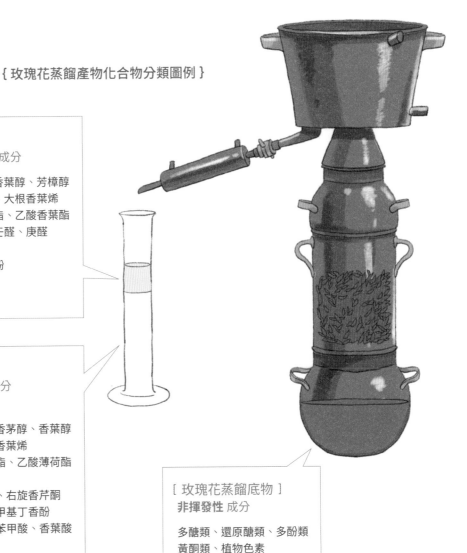

{ 玫瑰花蒸餾產物化合物分類圖例 }

[玫瑰精油]
揮發性、不溶於水 成分

醇類	香茅醇、香葉醇、芳樟醇
萜烯類	金合歡烯、大根香葉烯
酯類	乙酸香茅酯、乙酸香葉酯
醛類	檸檬醛、壬醛、庚醛
酮類	2- 十三酮
酚類	甲基丁香酚
酸類	無
醚類	玫瑰醚

[玫瑰純露]
揮發性、水溶性 成分
並混溶少許精油

醇類	苯乙醇、香茅醇、香葉醇
萜烯類	檸檬烯、香葉烯
酯類	乙酸苯乙酯、乙酸薄荷酯
醛類	苯甲醛
酮類	異薄荷酮、右旋香芹酮
酚類	丁香酚、甲基丁香酚
酸類	苯乙酸、苯甲酸、香葉酸
醚類	玫瑰醚

[玫瑰花蒸餾底物]
非揮發性 成分

多醣類、還原醣類、多酚類
黃酮類、植物色素

依照壓力來區分

「壓力」是影響蒸餾過程的重要因素，一般來說可以區分為：減壓蒸餾、常壓蒸餾與加壓蒸餾三種。

1. 減壓蒸餾

「減壓蒸餾」需搭配能提供減壓環境的機器（如水流抽氣機、真空泵）與耐壓的容器，在低於一個大氣壓（負壓）的環境中進行蒸餾。在負壓的環境中，各物質的沸點會隨著真空度的加大而降低。

例如，市售的水流抽氣機在水溫 5°C，約可以減壓至 20mm-Hg，此時水的沸點可以降到 27°C 左右；也就是說，在負壓的環境下，只要提供少許的熱源，就能夠讓水到達沸點而汽化，而不需要加熱到 100°C；同時，植材中待蒸餾的化合物的沸點也會降低，所以減壓蒸餾時的溫度比較低，對於熱敏性化合物的破壞較少，所以產物中含氧單萜的比值會比較高。

含氧單萜（醇、醛、酮、酚、醚、酯）特別是萜醇類具有很優良的香氣品質，所以減壓蒸餾所獲得的精油雖然比常壓蒸餾少，但是香氣品質與化學組分會優於常壓蒸餾。

溫度計
Thermometer

洩氣閥
Air bleed valve

蒸餾頭
Distillation adapter

{ 實驗室減壓蒸餾設備 }

真空導管
Vacuum tubing

液體壓力計
Manometer

真空緩衝瓶
Vacuum pump trap

三通閥
Three-way tap

2. 常壓蒸餾

這是最常用、也是我們 DIY 最適合使用的蒸餾方式，是在一個大氣壓力下進行蒸餾（常態性的壓力）。

銅鍋常壓蒸餾

任何材質、任何形狀的蒸餾器，一定都會有一個蒸餾產物的餾出口，這個蒸餾產物的餾出口，除了讓蒸餾的產物從這個部位導引出來以外，它還有一個非常重要的功能就是「連通大氣」，因為蒸餾器有了這個蒸餾出口可以連通大氣，才可以保持蒸餾器內部的蒸餾環境處在「常壓」的狀態，而不會造成「加壓」的環境。

進行蒸餾時，保持這個蒸餾出口的通暢是一件很重要的事情，絕對不可以讓蒸餾在完全密閉、與大氣不連通的狀態下進行蒸餾，否則蒸氣壓力在蒸餾器內部堆積，壓力上升，除了會造成「常壓」的蒸餾形態改變，甚至會造成危險。

我們可以仔細觀察廚房用的鍋蓋，材質比較輕的蓋子，當蒸氣壓力過大時，蒸氣的力量可以直接將它頂開，所以不需要設計一個小孔來連通大氣；但如果是材質比較重的鍋蓋，它一定會設計一個小孔用來連通大氣，同時宣洩鍋內的蒸氣。

「壓力鍋」的設計，則是在蓋子上設計一個蒸氣出口，平常的時候是關閉的，讓蒸氣無處宣洩，製造「加壓」的環境，而當鍋子裡的蒸氣壓力來到設計的上限時，蒸氣的壓力就會將這個蒸氣出口頂開，連通大氣，讓過高的蒸氣壓力可以排出，這些原理其實都是相同的。

3. 加壓蒸餾

所謂的加壓蒸餾，就是在超過一個大氣壓的環境下進行蒸餾，而「加壓蒸餾」環境的特點剛好與減壓蒸餾相反。

我們可以把加壓下所產生的蒸餾環境，想像成在廚房中烹煮食物常用的快鍋或是壓力鍋，這些鍋具的設計就是讓食物在加壓的環境下被烹煮。

　　我們在上一段減壓蒸餾時說到，水在真空的環境下，它的沸點會降低，相反的，水在加壓的環境中，它的沸點是會上升的；而壓力鍋的設計，就是利用蒸氣無法向外發散的狀態下使得鍋內的壓力升高，進而使水的沸點升高（超過 100°C，設計良好的壓力鍋可以達到 120°C以上），因為鍋內的溫度升高，所以能減少料理的時間。加壓蒸餾也是同樣的道理。

　　一般來說，DIY 蒸餾幾乎不會選擇使用加壓形式的蒸餾器具或方式，且有時會因為蒸餾器的設計不良（如蒸餾器的蒸氣出口過小、氣體的路徑導管管徑太小太窄、加熱過於猛烈等），造成蒸餾器內的蒸氣大量生成，卻無法將大量的蒸氣有效導引出來，讓蒸氣壓力在蒸餾器內堆積升高，而形成非預期的加壓環境；產生的蒸氣若無法順利導出，有可能產生蒸氣爆炸，所以蒸餾時要隨時注意蒸餾出口是否堵塞。

　　舉例來說：加壓的環境就像廚房裡使用的「壓力鍋」、「快鍋」，它的設計可以提供高於常壓的壓力，讓水的沸點可以到達 120°C（甚至更高），以加快燉煮食物的效率。但我們在使用壓力鍋時最擔心的（也是很多家庭主婦不敢選擇壓力鍋的原因），就是壓力鍋若是故障或操作不當，容易引起壓力鍋蒸氣爆炸。

　　在加壓的環境下，所獲得的精油其化學組分也會與常壓不同。一些在較高壓力和溫度下較為穩定的成分（如苯乙醇、芳樟醇、香茅醇、橙花醇和香葉醇），比較容易被蒸餾出來，而單萜烯、長鏈酯類和倍半萜類的比例則降低，因為這些成分在較高的溫度和壓力下容易降解。

　　簡單來說，就是熱敏性的化合物，特別是容易被高溫所破壞的香氣成分，在加壓蒸餾較高的環境溫度下，比較容易受到破壞，所以，加壓環境可能會影響精油的化學組分和品質。

　　綜合以上三種以壓力來區分的蒸餾方式，總括來說，其實就是利用不同的壓力造成沸點的變化，利用這個特性來進行蒸餾。減壓蒸餾的溫度最低，常壓次之，加壓蒸餾的溫度最高，這三種方式各有各的特點，也兼有優缺點，但一般 DIY 時，我們受限於減壓與加壓蒸餾都需要較多的設備，最常使用也最便利的方式，就是常壓蒸餾。

依照植材裝填的方式來區分

　　精油與純露的蒸餾萃取方式，我們常用水與植材裝載的方式不同來區分。最常使用的方法有：水蒸餾（共水蒸餾）Water distillation、水蒸氣蒸餾（水上蒸餾）Steam distillation 兩種形式。

1. 水蒸餾（共水蒸餾）Water distillation

　　我們也把水蒸餾稱為「共水蒸餾」，因為這個方法就是將待蒸餾的植材和水浸泡混合在一起，水面的高度一般來說會完全淹沒植物原料，然後將蒸餾器中的水分加熱至沸騰。

　　水蒸餾法中，含精油成分的植物先分散於水中，植物可能漂浮於液面上或是分散於液體中，再用不同的加熱方式，加熱水及植物，過程中含有精油成分的植物直接接觸沸水，而且水蒸氣會將精油從植材中釋放出來，之後再冷凝收集。

　　這個方式由於水的緩衝作用，蒸餾的速度比較慢。同時，共水蒸餾的方式也有一個較大的缺點，就是植材接觸過熱的容器表面，同時植材一直在過熱的溫度持續煮沸，會造成熱敏性的香氣物質被大量破壞，嚴重影響蒸餾產物的品質。

　　另外，如果加熱的方式與相關設備較為精密，可以精準控制蒸餾器內的溫度，共水蒸餾的方式是可以在溫度低於 100℃下進行的，低於 100℃的溫度下仍有水及揮發性物質會被蒸餾出來，只是在相對的低溫下，液體受熱汽化的量相對變得很小，蒸餾速度就會變得很慢，但是蒸餾溫度降低絕對可以改善精油品質。

　　所以，蒸餾時加熱與蒸餾的速度控制，是一個很重要的因素，我們會在後面的章節慢慢學習到較佳的溫度與速度的控制。

玻璃蒸餾器 共水蒸餾
臺灣檜木精油純露

玻璃蒸餾器 共水蒸餾
晚香玉精油純露

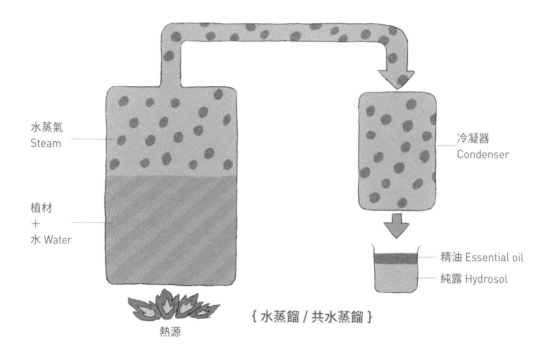

水蒸氣
Steam

植材
＋
水 Water

冷凝器
Condenser

精油 Essential oil

純露 Hydrosol

{ 水蒸餾 / 共水蒸餾 }

熱源

2. 水蒸氣蒸餾（水上蒸餾）Steam distillation

　　這個方式我們把它稱為「水上蒸餾」，是最為簡單、也最為常用的蒸餾精油與純露的方式。

　　水上蒸餾與共水蒸餾最大的不同點，在於植材的擺放位置，共水蒸餾是將植材與水混合、浸泡在一起，而水上蒸餾則是將植材與水分開來放置。

　　適用於水上蒸餾的蒸餾器，會設計將植物放置於孔洞狀隔板上或是有效分隔植材與水的裝置。植材會位於蒸餾器的上方，而下方則設計成裝水的位置。

　　蒸餾時，單純加熱下方盛裝有水的部分，使之產生水蒸氣，水蒸氣透過孔洞狀的隔板或是類似的設計，上升至上方的植材層，以水蒸氣的溫度加熱上方植材，蒸餾器內整個蒸餾環境是濕潤且飽和的，低壓的蒸氣會滲透植物，透過蒸氣的溫度加熱，進而將精油、純露等揮發性物質一起蒸餾出來。

這個方式因為蒸餾器加熱的部分只會單純和水有接觸，接觸不到植材，植材只受到加熱上升的水蒸氣所加熱，不像共水蒸餾一般，在過熱的加熱環境下持續被加熱，所以許多對熱敏感的香氣物質不會被高溫所破壞。

所以，水上蒸餾的方式，獲得的精油與純露品質相對會比較好，蒸餾速度也比共水蒸餾來得快，同時，這個方式也是最為適合 DIY 蒸餾的方式。

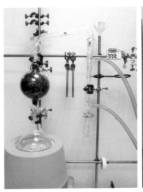

玻璃蒸餾器
水蒸氣蒸餾
玫瑰精油純露

玻璃蒸餾
共水、水上蒸餾混合應用
野薑花精油純露

玻璃蒸餾器
共水、水上蒸餾混合應用
野薑花精油純露

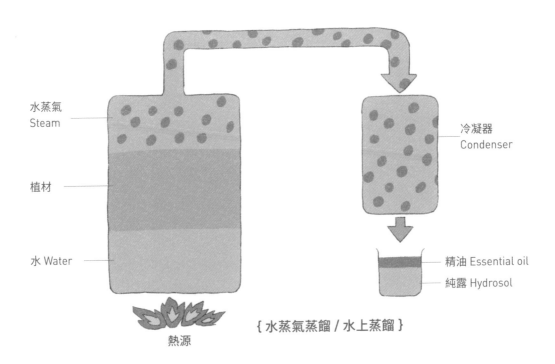

水蒸氣 Steam

植材

水 Water

冷凝器 Condenser

精油 Essential oil
純露 Hydrosol

熱源

{ 水蒸氣蒸餾 / 水上蒸餾 }

1-2 淺談蒸餾器的材質、結構與設計

蒸餾器材質比一比（銅、不鏽鋼、玻璃）

目前市場上所能選擇的蒸餾器，應該就是玻璃、不鏽鋼、紅銅這三種。到底這三種材質所製成的蒸餾器，各有什麼優劣之處？我們又該如何在三種材料中做出選擇呢？就從下面的章節來簡單聊一聊。

關於熱能傳導的考量

蒸餾過程中，「加熱」與「冷卻」是兩個重要的單元，所以在蒸餾裝置中，裝載原物料並受熱的蒸餾器以及管道後端提供散熱的冷凝系統，如果熱能傳導速度快、效率高，就意味加熱所消耗的能源與冷卻系統中散熱用的水量，都可以更為節省。

所以，在材質的選用上，「導熱係數」（Thermal Conductivity）是一個參考的要件。

導熱係數 的單位是：W ／ m * K

W 指的是熱功率，單位是瓦
m 代表長度，單位是公尺
K 是絕對溫度的單位 ，也可以用 °C 來代替
＊該數值越大，代表導熱的性能越好。

銅、不鏽鋼和玻璃，是三種較常見的蒸餾裝置材質。而這三者的導熱係數分別為：

銅 / 紫銅 / 無氧銅：390 ～ 401
304 / 316 不鏽鋼：16.3 ～ 17
玻璃：0.75 ～ 1.05

銅的熱傳導能力是不鏽鋼的 24 倍，與玻璃更是相差將近 400 倍。所以在熱能傳導效率這個考量下，選擇用紫銅或黃銅來製作蒸餾容器以及其管路、冷卻系統，效能都大幅度領先不鏽鋼及玻璃材質的蒸餾裝置。

關於蒸餾產物的品質與氣味的考量

　　關於蒸餾裝置的材質對於蒸餾產物的影響，是另一個較多討論的考量方向。 以蒸餾精油的歷史來看，一些造型經典沿用至今的蒸餾器，其材質大多是全紫銅（少許的管路連接件可能用黃銅）；到底銅製的蒸餾器對於蒸餾出來的精油和純露，有什麼特殊的影響或是優勢？銅製蒸餾器蒸餾出來的產物，是不是在品質上就是比較優呢？

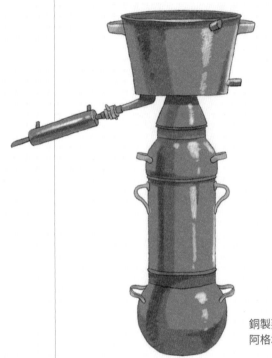

銅製蒸餾器
阿格塔斯 PLUS

銅製蒸餾器
阿格塔斯

　　銅製的蒸餾器，在蒸餾的過程中會有銅離子解離。而這些解離出來的銅離子在蒸餾的過程中會去抓住含硫的化合物，以致一些高揮發性的含硫化合物會吸附在銅製蒸餾器的內壁，而不會被蒸餾出來。這些含硫化合物通常都具有比較辛辣刺激的氣味，甚至讓人感覺是臭的氣味。

　　銅製的蒸餾器確實有抓住含硫化合物的化學特性，只是在製造威士忌、葡萄酒等蒸餾酒類的工藝過程中，有「非銅莫屬」的必要性。

　　製酒工藝的前段，利用酵母菌在葡萄、穀物原料中進行發酵作用，將糖分轉化成酒精。在這個發酵過程中，會有許多含硫的化合物以副產物的形式生成（如二甲基三硫、硫化氫以及二氧化硫）；製酒工藝後段的蒸餾過程，就必須將這些會

影響酒質的含硫化合物移除，而最為有效的解決方式就是使用銅製的蒸餾器。所以，威士忌酒廠都以銅製的蒸餾器為不二選擇。

這個特性運用在蒸餾精油及純露的時候，可能就不是「非銅莫屬」的狀況了。如果萃取的是茉莉、玫瑰類重香氣的精油，甚至取得產物後也是著重於香氣的運用，那麼當然可以使用銅製蒸餾器來去除含硫化合物，以得到較為芳香的產物。

但是，別忘了，植物精油的化學成分主要分為四大類：萜烯類化合物、芳香族化合物、脂肪族化合物以及其它類化合物。其他類化合物就是指含硫化合物以及含氮的化合物。如大蒜精油中的大蒜素（二烯丙基三硫醚）、二烯丙基二硫醚、二烯丙基硫醚、黑芥子精油中的異硫氰酸烯丙酯、檸檬精油中的吡咯與洋蔥中的三硫化物等。

必須考量的是，蒸餾這些精油的同時，銅製蒸餾器捕捉含硫化合物的特性，是否造成這些活性成分的損失？同時，精油中這些含硫的化合物， 通常都有很強的抗菌性、抑菌性、抗肝毒性和抗衰老的特性，損失豈不可惜？因此，如果是要餾酒，那麼選擇銅製器具是正確選擇，但是若要蒸餾精油或得到純露，就並非只能選擇銅製蒸餾器！

2017 年 9 月拍攝於巴黎畫
家莫內故居，廚房中鍋具
皆為銅製。

不過，在經過數年蒸餾過程的經驗累積下，於實務上我還是會選擇銅製蒸餾器來製作精油與純露。尤其是花朵類植材的香氣，銅製蒸餾器蒸餾所得的精油與純露，明顯優於其他兩款材質且氣味細緻；銅製蒸餾器的美感，也有額外加分。

　　教授蒸餾課程時，每次都會選用自家栽種的玫瑰當作上課的植材，課程中我刻意安排同一批玫瑰使用玻璃與銅鍋兩種不同材質的蒸餾器進行蒸餾，然後將收集到的玫瑰純露給參加課程的學員進行感官評鑑（評鑑過的學員總人數50人以上），得到的結果一面倒：認為銅鍋蒸餾的玫瑰純露香氣獲得壓倒性勝利。

　　同樣的植材，同樣的蒸餾工藝，所得的玫瑰純露，在感官香氣的評鑑卻有著明顯的差異，這個實際的測試結果，也提供大家作為挑選蒸餾器材質的參考。

　　除了蒸餾器的材質會影響蒸餾產物的組分與品質以外，蒸餾器的結構設計，也是另一個至關重要的因素。下面，我們就來討論關於蒸餾器結構與外型的設計，會對蒸餾有什麼影響。

不銹鋼材質蒸餾器

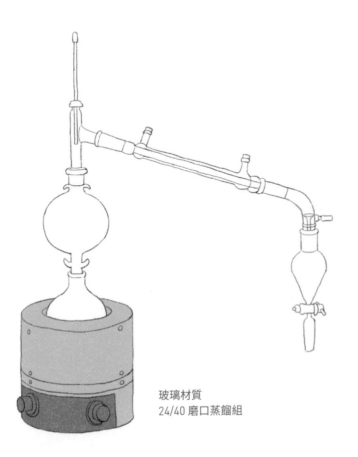

玻璃材質
24/40 磨口蒸餾組

蒸餾器的結構與設計

在這個章節，會介紹我精挑細選，也是平常授課和DIY自製精油、純露的銅鍋，讓大家理解它的設計概念與結構，同時分析一下有哪些設計要點。透過這個章節的介紹，你應該就比較能夠了解什麼樣的蒸餾器，才是比較合適拿來製作精油與純露的蒸餾器。

下方這款蒸餾器的設計源頭，來自於中古世紀李奧納多‧達文西（Leonardo da Vinci）的手稿，後經各家廠商在各部件上稍作修改後成型。

雖然這款蒸餾器的原始設計理念是幾百年前的產物，然而伴隨著近代化學的成長與蒸餾技術、器具的進步，在各方面印證起來，此類設計的蒸餾器外型，依舊是相當優良的設計。

達文西蒸餾器結構手稿示意

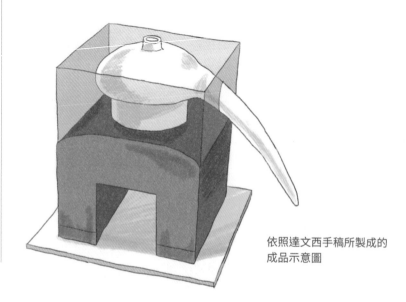

依照達文西手稿所製成的
成品示意圖

以下以阿格塔斯 2 公升的銅鍋為例，來說明各部件設計的優缺點。

蒸餾器一般可分解為三個部分：
裝載蒸餾水的部分、充填植材的部分以及冷凝的部分。

阿格塔斯 2 公升紅銅蒸餾器，最下方裝載蒸餾水的部分，最大容量就是 2 公升（需要較大公升數的讀者，有其它較大容量的可選擇），而我們實際蒸餾植材時，蒸餾水的添加，則以 1.5 ～ 1.6 公升的水位較為合適。

中間的部分則是充填植材的位置，與下方裝載蒸餾水的部分，設計有一相同材質的銅製大孔洞篩網，能有效將植材與水隔開，並容許下方產生的蒸氣流暢的向上通過。這個部分的設計，優點在於外型不會過窄也不會過高，並且在其上端連接冷凝部分開口的口徑也夠大，不但充填植材時非常方便，也可以有效避免不利於蒸餾產物品質的「回流」狀態發生。

阿格塔斯
2 公升銅鍋

　　裝載水與充填植材這兩個部分，容量是要相互搭配的，就如在 1-3 如何選購一款蒸餾器單元中（請參考 P.41）所說明的，兩個部分其中任何一個部分容量過大或是過小，都是不好的設計。阿格塔斯 2 公升在充填植材的部分，約可以裝載約 300g ～ 400g 的植材。

　　最後一個部分，就是最上方裝載可循環的冷凝水，提供足夠冷凝效果的冷凝部分。冷凝的部分直接設計在蒸餾器最頂端，是最省操作空間的設計，還有它形狀類似「巨蛋體育館」的大型圓頂設計，可以提供上升蒸氣最大的冷凝接觸面積，提供最好的冷凝效果。

　　此款蒸餾器的三個部件，相互連接的時候非常方便，並不需要使用一些輔助的金屬「環箍」、「扣件」、「緊固件」、「矽膠圈」來連結、穩固或是提高氣密性。只需簡單的將它組合，就能夠達到穩固、氣密的效果。

　　組合簡單，各個部件都合乎蒸餾原理的設計思路，就能讓蒸餾所得的精油與純露，品質與香氣都高人一等，也最推薦給剛進入 DIY 萃取精油、純露領域的人。

{ 阿格塔斯蒸餾器分解圖 }

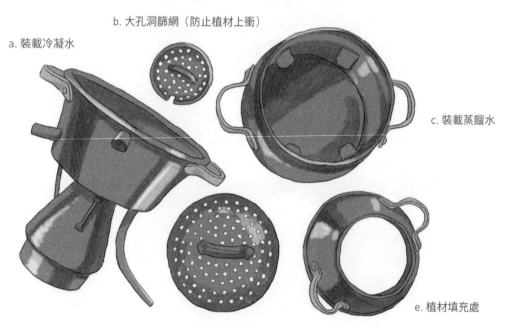

b. 大孔洞篩網（防止植材上衝）

a. 裝載冷凝水

c. 裝載蒸餾水

e. 植材填充處

d. 大孔洞篩網（區隔蒸餾水與植材）

銅鍋在使用前，必須先完成一項重要的工作，也就是徹底清潔，去除銅鍋表面一些無機化合物，例如硫酸銅、碳酸銅，也就是俗稱的「銅綠」。

銅綠是因為銅與空氣中的氧、水和二氧化碳反應所生成，全新的銅鍋在製造時，少部分組件必須焊接，這時就要使用「助焊劑」，助焊劑是油性物質，焊接完畢後容易殘留在焊接位置表面，所以我們必須先以開鍋的程序去除這些油性物質。

另外，如果銅鍋收藏了很久都沒有使用，再次使用前，也必須先觀察一下銅鍋內部的表面是否有這些無機化合物生成，最保險的作法就是依照下列步驟，先進行一次清潔後再蒸餾。

銅製蒸餾器的開鍋

材料
① 自來水或蒸餾水
② 裸麥麵粉（rye flour）
裸麥麵粉的用量，大約是銅鍋裝水容量的 5% ～ 10%。例如 10 公升容量的銅鍋，大約需要 0.5 ～ 1.0 公斤的裸麥麵粉。

步驟
1. 先在銅鍋內倒入約四分之三的蒸餾水，再開大火進行加熱，如果是使用電熱為加熱方式，就將旋鈕轉至功率最大的位置，直到水開始沸騰。
2. 水沸騰後，立即將大火轉為小火，電熱爐則將旋鈕轉至功率較小的位置。讓沸騰的水穩定維持在微微沸騰狀態（類似煨湯的沸騰狀態），然後取好適量的裸麥麵粉倒入鍋中，先以木製的湯匙稍作攪拌。
3. 接下來，將銅器上半部（接收部位及冷凝部位）稍微施加一點壓力，將它與銅鍋下半部連接在一起。
4. 確定連接好後，接上進出水管（下方進水、上方出水），開啟水幫浦或水龍頭，開始讓冷卻水循環。
5. 接著，將瓦斯或電熱改為中火或中等的功率，進行加熱。保持這個加熱的程度，直到銅鍋內約 70% ～ 80% 的水都蒸餾出來後，就可以關掉瓦斯或電源。

6. 關掉熱源後，讓銅鍋稍微冷卻，不再有蒸氣上升後，再以耐熱手套或濕毛巾輔助，將銅鍋的上半部與下半部分離開來。

7. 拆除進出水管後，趁熱用冷水搭配毛巾或海綿，沖洗銅鍋上半部的外側，並且用冷水沖洗並注滿銅鍋內部，直到接收管路不斷有水流出，將內部與管路也沖洗乾淨。

8. 最後，趁熱以同樣的方式將銅鍋的下半部，以冷水將內部殘餘的裸麥麵粉及容器內外表面清洗乾淨，就完成了整個清潔的過程。如果發現銅鍋內部還有不乾淨的地方（特別是銅鍋上鉚接的接合處），可以用乾的裸麥麵粉搭配較粗糙的麻布或較細的菜瓜布（使用過的，新的則先拿去水泥地板上磨軟它），局部進行加強清潔，應該就能清潔乾淨。

9. 完成以上程序後，用少量的自來水或蒸餾水再進行一次蒸餾則效果更好。

注意事項

1. 加入的水量約為 3/4，不要超過 3/4。

2. 加入的裸麥麵粉的量為鍋子容量的 5% ～ 10%，也不要超過 10%。

　　加入過多的水和裸麥麵粉，容易造成液面過高，上方緩衝的空間不足，而使裸麥麵粉向上衝至銅鍋接收部分的開口部分；如果堆積造成阻塞，會導致鍋內壓力升高，產生危險。

　　蒸餾的過程中，要注意水是否有持續穩定被蒸餾出來，如果突然發現沒有水蒸餾出來，應該立即檢查是否有加熱火力中斷的問題？如果火力沒有間斷，那麼就有可能是容器上升氣體的開口部分有堵塞而導致，建議立即關上加熱火源，等冷卻後打開檢查是否真的阻塞，並進一步清除阻塞，調整減少水量與裸麥麵粉的量後，重新開始加熱的程序。

蒸餾過程中，千萬不要讓銅鍋內的水完全蒸乾，以免鍋內的麵粉乾燒、燒焦。

實例
計算

載水容量 10 公升的銅鍋，加入最多 7.5 公升的水，裸麥麵粉的量則最多為 0.75 公斤，收集到蒸餾出的水量約為 5 ～ 6 公升時，即可停止加熱。

銅鍋的清潔

1. 去除油污

收到新銅鍋後，原廠建議使用裸麥來進行首次蒸餾，完成「開鍋」程序。它的主要目的在於利用裸麥容易吸附油脂的特性（就像在烹飪豬肚前，最好的方法就是用麵粉來清洗，最容易洗去其油脂），去除銅鍋在製造時所使用的助焊劑或沾污在銅鍋表面的一些油性髒污。

但是，如果蒸餾銅鍋內側所有的表面，包括蒸氣的通道，都能直接用清洗碗盤的海綿，或是可以任意彎曲角度的海綿刷具接觸刷洗到的話，就可以用洗碗用的清潔劑，將所有內側表面、較難刷洗的溝縫，都用海綿刷洗乾淨即可，不一定要使用裸麥來進行蒸餾。

另外，刷洗的時候使用溫水效果會比較好，往後蒸餾完畢要清洗鍋具時，最好也是在銅鍋還有餘溫的時候清洗，才能事半功倍。

小提醒 /
用裸麥來進行開鍋的程序，雖然並非必要，但若銅鍋款式有難以接觸、刷洗到的溝縫或蒸氣路徑，還是建議使用裸麥來進行一次以「清潔鍋具」為目的的蒸餾；如果是首次購買銅鍋、初學蒸餾的人，使用裸麥來進行初次蒸餾，也是一次很好的練習機會。

2. 去除氧化表面

銅鍋蒸餾後或平時放置久了，表面都會氧化，顏色變深、變黑，不管內壁或外側都一樣。這時候，要去除這些氧化層最好的方法就是用檸檬＋鹽巴輕輕刷洗，食用醋也可以（但是效果遠不及檸檬＋鹽巴）。

如果是難以接觸到的縫隙或蒸氣路徑，也可以用檸檬汁加以浸泡；想要加快反應的速度，可以用有一點溫度的檸檬汁，溫度越高反應速度會越快。

小提醒／

用檸檬＋鹽巴清洗鍋具氧化層之後，
最好用洗碗的清潔劑把表面再沖洗一
遍，將殘留的檸檬汁洗掉，並立即用
乾布把鍋具擦乾，這樣的效果最好。
若有殘留的檸檬汁與水漬，可能會
讓剛清洗完的鍋具，沒幾天又大量變
黑、變色，又被氧化了。

使用檸檬＋鹽巴清潔銅製蒸餾器

　　清潔銅鍋的「油污」和「氧化表面」是兩個不同性質的清潔內容。用洗碗的清
潔劑可以去除油性髒污，但不能去除氧化的表面；而使用檸檬來去除氧化表面的
步驟，並不能有效去除油污，就像我們不會拿檸檬汁去清洗碗盤一樣。

　　所以，「去除油污」和「去除氧化層」這兩個步驟的清潔目的並不相同，可以
依照銅鍋的狀態，進行所需的清潔步驟。

銅鍋使用注意事項

銅鍋的導熱性相當好，一般來說，在加熱的過程中，只要使用小火就可以提供足
夠的熱量；也因為導熱性非常良好，千萬不要讓銅鍋處於乾燒的狀態，否則銅鍋
的接合處容易損壞。

選購蒸餾器的要件

上一個章節討論了蒸餾器的材質，這個章節就來討論「蒸餾器的外型」，還有到底該如何選購一款適合用來蒸餾精油與純露的蒸餾器。

兼容多種蒸餾法的設計

蒸餾器的設計構造，一定要把「放置植材的部分」與「儲存蒸餾水（提供蒸氣）的部分」區隔開來，也就是說它的設計要能操作「共水蒸餾」同時也能操作「水上蒸餾」或「水蒸氣蒸餾」。

市面上某些蒸餾器的設計只能操作「共水蒸餾」而不能操作「水上蒸餾」，我們在選擇上最好挑選兩者都可以使用的蒸餾器。

寬廣的開口

蒸餾器設計有較大的開口，方便於植材填充及取出清潔。

黃金比例

蒸餾器在「裝填植材的部分」與「儲存蒸餾水當作蒸氣來源的部分」要有合適的比例。

後續章節會講述到的「蒸餾要件」中，會有一項重要的項目叫「料液比」，比例最大的料液比可能達到 1：10 甚至 1：12，也就是 100 克的植材，需要 1200ml 的蒸餾水來提供蒸氣，所以蒸餾器在「裝填植材」跟「儲存蒸餾水」這兩個部分的比例就要適當。

如果植材裝填空間過大而蒸餾水儲存容量太小，將導致無法提供足夠的水蒸氣將植材內的精油完全餾出。

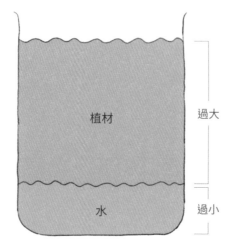

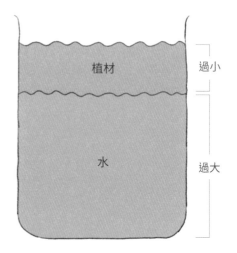

裝填植材的空間過大,蒸餾水容量太小,無法提供足夠的蒸氣到達蒸餾的終點。

裝填植材的空間過小,蒸餾水容量過大,到達蒸餾終點時蒸餾水還剩一堆。

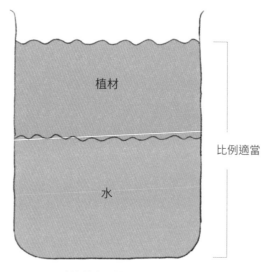

合適的容量比例。

合宜的蒸氣出口與管徑

蒸餾器上方蒸氣出口及導引蒸氣的管徑，在不影響結構強度的狀態下，應該「越大越好」。蒸氣的開口太小或是導引蒸氣的管子太長或太細，都容易造成蒸餾器內部壓力因堆積而上升，而壓力上升會造成蒸氣的溫度也隨之上升，過高的溫度會損壞許多對熱敏感的香氣物質與植物活性成分。

耐溫與耐化性材質

蒸餾器組合件的材質要有一定程度的耐溫與耐化性（耐化學溶劑），例如：連接或密封用的零組件、管子，應避免使用「橡膠」，因為橡膠的耐化學性質不高，耐溫性也不好，會造成餾出的精油及純露溶出橡膠，而帶有橡膠氣味。

也要考慮這些蒸餾器上的密封膠圈，就跟汽車上用來密封的膠條、膠圈一樣，在高溫的影響下，使用一段時間一定會需要更換。當你的蒸餾器膠質部分老化、破損後，是不是還能購買到相同的零件來更換？

註：塑膠類產品的管子或密封組件，比較好的材質是「鐵氟龍」及「食品級矽膠」。當然最好的狀況還是挑選一款蒸餾器，在設計上能完全避掉使用這些密封零組件式，這樣就少掉許多維修麻煩。

可負荷的能源費用

需考慮是否有和蒸餾器容量大小相配的熱源，且此熱源能夠提供足夠的火力或瓦數，瓦數或火力不足可能造成蒸餾時間過長，甚至無法有效餾出的狀況。

DIY 用的小型蒸餾器這方面的問題可能不大，如果你要購買的蒸餾器容量很大，那麼就必須先考慮要搭配的加熱來源是什麼？是電力？燒柴火？還是蒸氣鍋爐等。這些不同性質的加熱設備，能不能提供足夠的熱能讓蒸餾順利的進行？同時也要考慮能源費用的問題。

勿選擇油水分離後會自動回流的蒸餾器

市場上有一種會自動將純露引導回蒸餾器中，再繼續蒸餾的蒸餾器，這類蒸餾器主要的設計目的，在於萃取「精油」而不是萃取「純露」——由於蒸餾出來的純露中都含有飽和的精油溶解或是懸浮在其中，所以它把收集到的純露再次導引回蒸餾器中，再度進行蒸餾，讓精油的萃取量能夠到達最高。對於我們這些把「純露」也當成目標產物的使用者，這款蒸餾器顯然是不適合了。

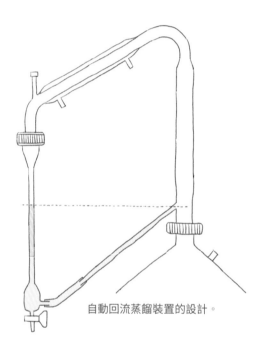

自動回流蒸餾裝置的設計。

選擇可以控制加熱速度的蒸餾器

市場上有少許蒸餾器的設計是屬於「一鍵式」，也就是像我們家中燒開水的電茶壺一樣，按下去就會自動加熱到沸騰，這類蒸餾器無法控制加熱的火力與速度，但蒸餾要件中蒸餾速度的掌握也是一項至關重要的關鍵因素，所以別挑選無法控制加熱火力的蒸餾器，這會限制你蒸餾工藝的進步。

選擇有信譽的商家

如果沒把握選擇適合的蒸餾器，建議諮詢有信譽及具專業度的廠商或賣家，避免錯誤的選擇讓蒸餾 DIY 的過程出現許多麻煩與困擾，反而打擊 DIY 的信心。

市面上蒸餾器的用途，不外乎分為兩大類，一是蒸餾「精油與純露」用的，另一類則是蒸餾「酒類」的蒸餾器。這兩者之間有什麼差別？我們能不能從外型上判斷蒸餾器到底是拿來蒸餾「精油純露」或是蒸餾「酒類」的呢？可以從幾個關鍵設計來教大家分辨。

首先，先來理解一個關於蒸餾的名詞：「回流與回流比」。

「回流」，是指上升的蒸氣無法順利被導入冷凝的部分蒸餾出來，當它失去熱量後，又從氣態變回了液態，再度滴回到蒸餾系統中；而「回流比」就是指「蒸餾出來的」與「滴回到系統裡的」比值。

舉例來說：有 10 滴的水受熱成為水蒸氣，只有 2 滴的水蒸氣順利被蒸餾出來，而有 8 滴的水蒸氣又被冷卻回到了液態，滴回到蒸餾系統中，那我們的回流比就是 2：8（1：4）。

對於蒸餾精油與純露來說，回流比應該是越小越好──也就是產生的蒸氣，越多被導引出來，越少的量滴回到系統中，是最好的狀態。滴回系統裡的水，又得再反覆被加熱才能氣化，而植物裡許多對熱敏感的香氣成分，很容易被高溫所破壞，反覆加熱不利於蒸餾品質。

同樣的道理，當蒸餾器的外型設計得太窄或太高，其實都是不理想的。大量的上升蒸氣需要同時擠進一個「窄門」，才能順利被蒸餾出來；上升蒸氣所要通過路徑太長，都容易在過程中，因為失去熱量而重返液態，重新滴回蒸餾系統中。

也就是說，會造成高回流比的蒸餾器，不太適合用來蒸餾精油與純露，比較合適用來蒸餾酒產物。

適合萃取精油、純露的蒸餾器

適合蒸餾精油、純露的蒸餾器設計，簡單來說有兩個設計重點：

1. 最短的蒸氣路徑

上升的蒸氣經過植材後，要以「最短的路徑」餾出。越長的路徑，越容易造成回流，不利於精油、純露的品質。

2. 最不易造成蒸氣塞車、回流的設計

蒸氣的出口、管徑搭配合宜，讓產生的蒸氣可以順利引導出來，不會造成蒸氣過高的流速，也不會造成過多的回流，這類蒸餾器比較適合用來蒸餾精油與純露。

適合蒸餾酒類的蒸餾器

蒸餾酒的蒸餾器，回流比越高，所蒸餾出來的酒精濃度會越高，氣味會越單一，所以蒸餾酒的蒸餾器，會把回流比考慮在形狀的設計中。也就是說，當你看到一款蒸氣路徑比較長的蒸餾器，就是適合用來蒸餾酒類的設計。

所以，蒸氣路徑的長短，是一個可以用來判斷蒸餾器用途的觀察標的。

宜蘭金車噶瑪蘭
威士忌蒸餾器，
蒸氣路徑長。

路徑短

適合蒸餾「精油與純露」
的蒸餾器，蒸氣路徑較
短，蒸氣開口較寬。

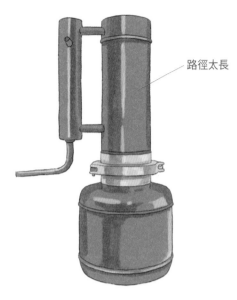

路徑太長

蒸餾「酒類」的蒸餾器，蒸氣
路徑長，容易造成回流。

蒸餾「酒類」的蒸餾器，蒸氣
路徑長，容易造成回流。

冷凝系統的設計，也是另一個判斷蒸餾器用途的觀察標的。

盤管式冷凝系統（蟲桶冷凝系統）

　　有一種「盤管式冷凝系統」，威士忌圈通常稱為「蟲桶冷凝系統」，只要看到這個冷凝系統，一般都是適合蒸餾酒類的蒸餾器。原因如下：

1. 銅對話 COPPER CONVERSATION

　　蒸餾酒類的產物就是不同酒精濃度的乙醇，當然其中還帶有許多香氣化合物，甚至有些風味蒸餾酒，會把香料植物和酒精一起蒸餾，產物中當然就含有許多揮發性物質（精油），這些化合物也是酒類香氣的來源。

　　這些植物精油都是可以溶解在乙醇中的，當乙醇和這些化合物受熱氣化後被蒸餾出來，進入冷凝系統時，不會吸附在冷凝系統的管壁上，可以順利流過；同時，透過長長的盤管式結構，可以創造出更多威士忌圈常用的名詞「銅對話」（COPPER CONVERSATION），也就是讓乙醇蒸氣跟銅有更長時間的接觸，藉由銅材質能吸附不好氣味的特性，讓蒸餾出來的酒，氣味更為香醇。

　　但是，蒸餾精油與純露則不然，蒸餾出來的產物只有不溶於水的精油和純露，精油的表面張力高，流動性也比較低，非常容易附著在容器壁上或管壁上，如果使用盤管式設計，過多的「銅對話」對於產物沒有太大的幫助，反而會造成一大堆的精油附著在盤管壁上，讓蒸餾產物流失。

2. 加長路徑的冷凝系統

蒸餾酒類的產物是乙醇，它的沸點相對比水低，揮發性也比水高，更是比精油的揮發性高太多了，所以它需要冷凝效率比較強的冷凝系統，以防止過多的乙醇蒸氣無法有效冷凝而揮發，加長路徑就是一個非常有效的方法，所以會設計成「盤管式」的蜿蜒結構，加長路徑以增加冷凝的效果；蒸餾植材所得的產物是精油與純露，它有揮發性，但不至於會因為揮發而造成什麼損失，所以蒸餾精油與純露的蒸餾器，並不需要採用這項的設計。

3. 蒸餾後的清潔

蒸餾酒的盤管冷凝系統，會流經過它的唯一物質，就是不同濃度的酒精，基本上酒精就是最好的消毒溶液，同時沒有附著的問題，不會對蒸餾後的清潔造成困擾；如果蒸餾精油或是純露，一定會有大量的精油附著在盤管內壁，如何有效清潔就是一個大考驗了，附著的精油不徹底清潔乾淨，殘留的精油與氣味，勢必造成下一次蒸餾不同植材時的氣味污染。

所以，「盤管式冷凝系統」這種設計較適合蒸餾酒類而不適合蒸餾精油與純露。

當然，市場上還是有蒸餾精油卻有盤管冷凝系統的蒸餾器，我想那是沿用年代久遠的蒸餾器設計所致。年代久遠的蒸餾器設計，較多採用盤管式的設計，也跟科技的進展有關係，以前沒有電力，沒有能抽水、循環水的幫浦，也還沒有夾套式冷凝管的設計，在那個年代，蒸餾器的冷凝系統只能用加長路徑的方法，設計成盤管的形式，再用一個大容量的冷卻水桶來浸泡盤管，以達到冷凝效果。

盤管式的設計並非不能使用，只是對於蒸餾精油與純露，它能帶來的冷凝效果實在有限，卻有著產物附著與清潔的問題。

銅製威士忌酒蒸餾器設
計，蒸氣路徑較長，中
間凸出的球體設計，也
是為了增加回流比。

銅製威士忌蒸餾器的
盤管式冷凝系統。

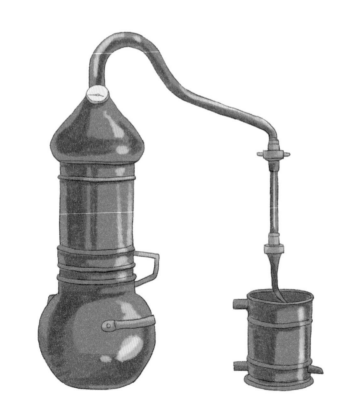

這款蒸餾器的外型設計最常被用
來蒸餾酒，同時也被用來蒸餾精
油。蒸餾出口的溫度計可以測得
蒸餾產物的沸點；依照沸點可以
判斷乙醇濃度以及蒸餾的進程。
一般精油、純露的蒸餾器，不需
要溫度計，圖中這款帶溫度計的
蒸餾器比較合適用來蒸餾酒。

這款的外型跟上一張圖是一樣的設計，但是少了溫度計，這款常被用來蒸餾精油與純露，但其實它的外型與盤管式的冷凝系統比較適合蒸餾酒。

不同外型設計的銅製蒸餾酒用蒸餾器，同樣帶有溫度計，使用盤管冷凝系統。

1-4 蒸餾前的準備工作

在這個章節，希望讓讀者進行蒸餾前先了解要做哪些功課？並且認識蒸餾過程會使用到的一些器具，以及提升出油率的方法及原理。

{ 蒸餾前的準備流程 }

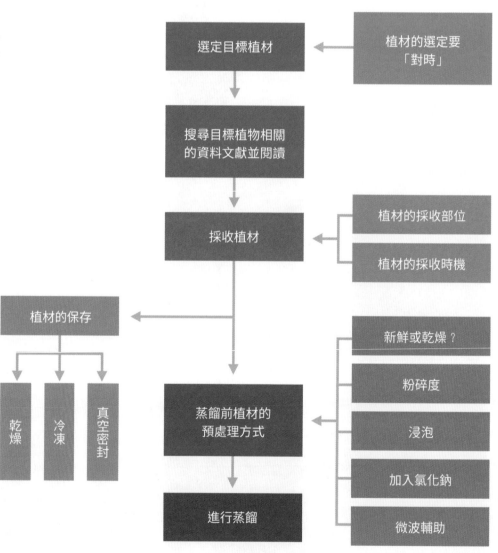

選定想蒸餾的目標植物後，我們可以先透過網路去搜尋一些相關的資料、文獻或是社群網站中的經驗分享，確認植材的特性、預處理方式（適合蒸餾的部位、是否需要乾燥或是新鮮摘下即可使用，以及蒸餾前是否需浸泡、剪碎、清洗等）；也可以搜尋關於蒸餾目標植物所適合的料液比例、最佳的蒸餾時間、植材的萃取率是高或低等相關資料。同時，也要確認目標植材的精油與純露成分的 GC-MS[註]分析，知道製作出來的純露或精油中的成分，才能更正確的利用。

本書列舉了 22 種植材蒸餾的心法（請參考 Chapter2），可以先閱讀並參考這22 種植材當中的內容去實作，這樣就能先有個概念。

註：
GC-MS 是指氣相層析儀（Gas chromatography，GC）與質譜儀（Mass spectrometry，MS）兩種儀器聯用，它結合運用了兩項重大的技術。

● 氣相層析法 GC
又稱氣相色譜法，是對易於揮發而不發生分解的混合物進行分離與分析的層析技術。

● 質譜法 MS
是一種用來決定分子質量的技術，利用離子在磁場中移動的性質差異，儀器就可測定分析物的質量電荷比，得知分析物分子的質量（分子量），用來判別分析物所含的元素或分子的組成。

GC-MS 的檢驗方式，就是把待分析的樣品，經過氣相層析儀 GC 分離出各個成分後，再由質譜儀 MS 進行偵測與分析比對，鑑別出樣品裡面的化學成分。

精油或是純露中到底含有什麼化學成分，也就是利用 GC-MS 分析後得知的結果。「純露」也是因為這些分析科技的進步，才被發現其中含有許多有用的化學成分，讓純露慢慢有了價值。

蒸餾前，植材的預處理與保存

進入蒸餾操作前，植材處理也是蒸餾工藝中非常重要的環節。預處理的每個細節都會影響蒸餾產物的多寡與品質，就跟蒸餾過程中的要件控制同樣重要；植材預先處理得當、蒸餾過程中的要件控制合宜，才能製作出品質最佳的精油或純露。

植材的選擇要「對時」

一年四季都有不同的植物盛開或凋謝，每個季節所適合採收蒸餾的植物也不同，就像是蔬果一樣，選擇與採摘植材「對時」很重要。每一種不同的植材都有它最適合採摘的季節，當植材處於最合適採摘的季節，所含的活性、香氣成分都是最為飽滿的狀態，而這些活性、香氣成分就是我們蒸餾要取得的產物，所以在選擇蒸餾植材時，一定要選擇在它生長最旺盛的季節採收；使用「不對時」的植材，儘管你有再厲害的蒸餾設備與工藝，也無法蒸餾出品質成分優良的精油與純露。

舉例來說，春秋兩季的玫瑰花，因為溫度較為適中，當季的玫瑰花特別碩大飽滿，花香也特別濃郁。臺灣的盛夏溫度太高，不利於玫瑰花的生長，所以夏天的玫瑰花花朵會比較小，含油量與活性成分也低於春秋兩季。如果在夏日要選擇花朵類的植材進行蒸餾，可以避開玫瑰花，挑選在夏天盛開的野薑花。依照不同的時令、氣候，要有選擇合適植材來蒸餾的觀念。

植材的採收部位與時機

植材採收的部位

選定好目標植材後，我們要先弄清楚蒸餾要運用植材哪個部位？例如花朵類多數萃取整朵花朵，澳洲茶樹使用它的枝葉，薄荷則是取其葉片，檸檬香蜂草取整株使用，而柑橘類的精油是在它的果皮上，薑則使用地下根莖。弄清楚植材有效成分儲藏於哪個部位，是相當重要的一件事。

具有歐盟有機認證的精油，多數會在內容說明清楚寫上精油萃取部位。舉例來說，玫瑰精油會在說明欄上寫萃取部位為花朵，薰衣草精油的萃取部位有些是花頂端，有些是葉片，搜尋這類有著明確標示的歐盟精油，觀察瓶身上的標示，也是決定要蒸餾哪個部位的參考方式。

植材採收的時機

一般來說，花朵類植材香氣容易散失，一定要在清晨採收。例如玫瑰花在太陽出來、環境溫度上升後，精油萃取率會下降30％以上；清晨的七里香散發出來的香氣非常濃郁，可以飄送到很遠的地方，但是一到下午，可能就必須湊上你的鼻子近距離才聞得到香氣。所以，花朵類植材的採收時間最好挑選清晨，採收時，花朵綻放程度也是採收另一個重點，未開的花苞、衰退期的花朵應避免採收。

香草類植物，揮發性成分不易散失，所以對於採收時間的限制比較少，但是仍然有許多重點要考量，例如：要選擇在它生長最旺盛的季節採收，注意採收的間隔時間，採收前2到3天不要下雨，採收植材的嫩葉、新葉或是老葉，採收植株的高度等。

可以蒸餾的植材有幾百種，該如何分辨取材的部位？又該怎麼判斷每種植材的採收時機？我想，大量搜尋、閱讀相關的文獻與資料是最快的方法，另外就是透過自己的觀察（觀察植物生長的狀態、香氣的改變等），本書所記載的22種植材，針對植材的取材部位、採收時機與採收後的預處理都有詳細描述，逐一閱讀後，應該就能對取材部位及採收時機歸納出自己的心得，下方也提供一個簡單的表格供讀者參考。

{ 個別植物蒸餾部位及處理方式 }

植物	蒸餾部位	處理方式	植物	蒸餾部位	處理方式
玫瑰	花	整朵或切碎	檸檬	果皮	切碎
白蘭花	花	整朵或切碎	香葉萬壽菊	莖、葉、花	切碎
月橘	花	整朵	桂花	花	浸泡
澳洲茶樹	細枝、葉	剪成小段	薄荷	全株	切碎
杭菊	花	浸泡	甜馬鬱蘭	全株	切碎
檸檬馬鞭草	葉	剪成小段	臺灣土肉桂	葉	乾燥後粉碎、浸泡
積雪草	全株	切碎	白柚花	花	整朵
迷迭香	莖、葉	剪成小段	香葉天竺葵	莖、葉	剪成小段或切碎
香水蓮花	花	切碎	野薑花	花	切碎或搗碎
檸檬香蜂草	莖、葉	切碎	茉莉花	花	整朵
檸檬草	葉	切碎	薑	根莖	切碎

註：「全株」不包含地下根、莖。

植材的處理

不同植材採收後的處理方式也是一門值得研究的課題,例如,歐洲的玫瑰精油蒸餾廠會將採收下來的玫瑰花在蒸餾前靜置幾個小時,期間定時去翻動,避免下層玫瑰通風不良而發熱,造成香氣的改變。這段靜置時間是要讓玫瑰花中的酵素發揮作用,藉此提高精油萃取率,並一定會在採收當天進行蒸餾。

而薰衣草精油的蒸餾廠,則會將採收下來的薰衣草,就地以陽光乾燥三天,一天翻動兩次,也是為了避免下層的薰衣草因為通風不良而過熱或是質變,等待薰衣草確定乾燥後再進行蒸餾。

有些蒸餾廠甚至還有其獨特的植材處理方式,這些針對不同植材所衍生出來的處理流程,都是依據科學實驗與實際生產經驗相印證下產生的,這些關於植材的預處理方式也是「蒸餾工藝」的一大重點。

每一種植材的處理方式都不相同,例如木質類需要乾燥、粉碎後浸泡一段時間再進行蒸餾,杭菊則需要浸泡在蒸餾水裡一個晚上後再進行蒸餾,才能得到較多芳香有效成分。新鮮剛採下來的肉桂葉與自然風乾後的肉桂葉,所蒸餾出來的精油、純露的氣味與成分也有所不同。

植材的預處理,關係到產物的萃取收率,所得產物的成分與效用,是蒸餾過程中非常重要的一個環節。接著,我們就來延伸討論關於新鮮或乾燥、粉碎度、浸泡的功能與影響。

新鮮或乾燥

乾燥與新鮮的植材蒸餾所得的精油與純露,在揮發性成分上多少都會有差異。有些是整體萃取到的化合物數量、種類、含量都不同,有些是主要成分相同只是含量有差異。

為什麼會產生如此的差異?植物採摘下來的時候,還是有生命的狀態,其中也含有大量的水分與酵素,這些酵素在合適的溫度、濕度下仍會持續不斷的進行工作——將植物中的化合物進行轉化合成,也就造成了植物揮發性成分、香氣物質的改變。

舉個最簡單的例子：茶葉。茶葉從採摘後的茶青到茶葉成品，要在所有的製茶工序中慢慢將茶青中的水分去除到只剩下 3% ～ 5%，製程中也有很重要的發酵工序，發酵時間、狀態、浪青次數都關係到成品的香氣與口感。

我曾經在「文山包種茶純露」的整個製程中，取不同階段的茶青來進行蒸餾，不意外的，在每個階段所得到的茶純露香氣都大不相同。剛採摘下來的茶青所蒸餾出的純露，充滿了所謂的「青」味，香氣並不好；而經過發酵、殺青後的半成品茶葉，蒸餾出來的茶純露，香氣就有明顯轉換，充滿了「茶香」與「花香」。

乾燥工序是很複雜的程序，但是面對蒸餾精油與純露用的植材，我們不可能每一種都用這麼複雜、費時費工的工序去進行乾燥，基本上只需要了解，乾燥過程與方法會對蒸餾出來的精油與純露有很大的影響。如果要對植材乾燥進行較專精的研究，建議可以從「製茶」的工藝中去尋找理論與方法。

而植材在蒸餾前，是否需要先進行乾燥？在相關文獻資料中，有提到幾種可以乾燥後再蒸餾的植材，像是「肉桂」、「香蜂草」等。如果沒有參考資料，可以做個簡單的實驗，就是去比對新鮮的植材與乾燥後的植材（有時可直接在植株旁的地上撿到已經乾燥的葉片），把它用手指搓揉一下，觀察其香氣味道，比較兩者間香氣的差異。

新鮮的肉桂葉，肉桂香氣比　　　自然風乾的肉桂葉，肉桂香氣濃郁、
較淡、略有青味。　　　　　　　沒有新鮮肉桂葉的青味。

確認香氣有沒有變得不同？覺得哪種氣味比較好就選擇那個狀態的植材進行蒸餾，就像新鮮肉桂葉聞起來肉桂的味道沒有乾燥肉桂葉來得濃郁，還可以聞到一點新鮮葉片的「青」味，類似這些植材，就可以選擇用乾燥植材作為蒸餾材料。

乾燥後的植材，由於植物本身的重量已經不含水分，所以計算下所得的萃取收率一般都會高於新鮮含水的植材。而乾燥方法也有很多種，可以參考「臺灣土肉桂」章節中（請參考 P.118）所提到的不同方法。

粉碎度

蒸餾前的植材，我們需要將它剪成小段、小塊、小片狀，或直接搗碎、用粉碎機粉碎，其實主要目的都是要加大植材與蒸氣的接觸面積。植材粉碎的粒度越小，它的總表面積也就越大，也就有越多面積可以接觸到熱源與蒸氣，越有利於精油與純露的萃取。

花朵類植材的蒸餾，由於揮發性成分存在於花瓣的表皮，花瓣的厚度又比較薄，所以粉碎度對於蒸餾結果的影響也就不大；相對的，取材自各類木質、木屑的植材，粉碎度的影響就會很明顯。

預處理時被切碎的檸檬馬鞭草。

新鮮採摘的桂花先浸泡有利於萃取。

浸泡

　　浸泡植材的效果,在於利用浸泡時水的滲透壓進入植物的細胞內,讓細胞充滿水分,脹大甚至破裂,讓其中的揮發性成分流出;另一個影響就是當植材充滿水分,在蒸餾時蒸氣的熱傳導效果會變好,也就能讓植材細胞有效率的、平均的受熱,進而讓其中的揮發性成分更容易隨蒸氣一起被蒸餾出來。

　　乾燥後的植材,由於本身已經不含水分,所以先加以浸泡會對蒸餾效率與結果有一定程度的幫助。

　　植材浸泡的初期,蒸餾萃取量會隨著浸泡時間的延長而增加,但當浸泡植材的細胞已經全部溶脹後,萃取量也就達到飽和,再延長浸泡時間也對萃取量沒有幫助。所以,浸泡的時間不是越長越好,它會出現一個極大值,超過極大值的浸泡只是浪費時間,甚至可能會因為植材自身酵素或環境污染,而對蒸餾結果產生不良影響。

　　如果書中有建議的浸泡時間,請依建議數值去做,如果沒有建議時間,可以從2小時、4小時、6小時去浸泡,最後再從實驗結果去調整浸泡時間。

加入氯化鈉（食鹽）

在「浸泡植材」的階段或是採用「共水蒸餾」的蒸餾階段，可以在浸泡用的蒸餾水加入氯化鈉（食鹽），添加的濃度大約在 1～10% 左右（例如，使用 100mL 蒸餾水進行浸泡或共水蒸餾就加入 1～10g 氯化鈉）。實驗也證明這個方式可以增加精油的萃取收率。其原理簡單用三點來說明：

1. 增加水的極性

水屬於「極性溶劑」[註]，加入氯化鈉，可以將水的極性再加大，讓屬於「非極性」的揮發性物質，在水中的溶解度降低。簡單的說法就是透過少量的氯化鈉，可以降低精油在水中的溶解度，使它更容易被蒸餾出來，進而提高精油的萃取收率。

註：什麼是「極性溶劑」？

溶劑與溶質我們通常會用「極性」（親水性）與「非極性」（疏水性）來區分。物質的極性可以透過量度物質的「介電常數」或「電偶極距」來得知，溶劑的極性決定了它可以溶解的物質以及可以與它互溶的其它溶劑或是液體物質。依據「相似相溶」的原理，極性物質在極性溶劑中溶解狀態最好，非極性物質則在非極性溶劑中溶解最好。

水是最常見的「極性溶劑」，所以像是食鹽、糖這些極性大的物質非常容易溶解在水中，而像是精油、植物中含的臘質則屬於非極性物質，跟水就很難混溶，反而容易溶解於正己烷等「非極性溶劑」之中。

「極性」「非極性」溶劑的分類與運用，也就是「溶劑萃取」的基本原理。像是用油脂或是正己烷去萃取花朵中的精油，就是利用油脂、正己烷和精油都是屬於「非極性溶劑」，相似者彼此間非常容易互溶的原理，達到萃取精油的目的。

2. 利用滲透壓

在浸泡植材或蒸餾用的蒸餾水中加入氯化鈉，可以造成植材細胞內外產生滲透壓差，使得精油更容易從細胞中滲出，進而被蒸餾出來。

國中的生物課有提到，假設細胞在無鹽的蒸餾水中，水分子會因為滲透壓差，不斷滲透進細胞，使細胞脹大或甚至脹破；而當細胞在高濃度的鹽水中，水分子會不斷從細胞滲透到鹽水中，這會使得細胞萎縮變小而破裂。

這就是滲透壓對細胞的影響，所以浸泡植材和加入氯化鈉，都是藉由滲透壓的影響來達到增加精油萃取收率的效果。加入氯化鈉的溶液為高滲透壓溶液，更容易滲透進入植物細胞中，使細胞質壁分離，讓內容物更容易被蒸餾出來。

3. 提高沸點

加入氯化鈉的蒸餾水，沸點會些微提高，使高沸點的揮發性成分萃取出來的量些微增加。

建議可以在浸泡植材的階段，加入少量的氯化鈉。如果植材不需要浸泡，可以直接進行蒸餾，使用「共水蒸餾」也可加入少量氯化鈉以提高萃取收率；如果使用「水蒸氣蒸餾」或「水上蒸餾」，由於蒸餾水並沒有直接接觸到植材，所以加入氯化鈉的效果也就很有限，可省略加入氯化鈉的方式。

另外，我們再複習一下蒸餾的基本觀念，由於氯化鈉是屬於「非揮發性」的物質，也就是它不會被蒸餾出來，會留在蒸餾底物當中，所以蒸餾出來的純露，絕對不會含有食鹽而「鹹鹹的」喔！

蒸餾前先進行微波

微波輔助後，再利用水蒸氣蒸餾萃取是近年開始發展的新方法。基本原理是利用微波輻射的高頻電磁波可直接穿透萃取溶劑，迅速加熱植物中的水分，使得植物內部的管束、腺胞系統受熱升溫，內部壓力增大，超過細胞壁所能承受的範圍而破裂，造成細胞內的有效成分流到萃取溶劑中，以利於接下來要進行的水蒸氣蒸餾。微波輔助的方法可以增加精油的萃取收率。

微波加熱和傳統加熱不同的地方，就是當我們把植材放置在萃取溶劑中加熱時，植材中的水分必須藉由溶劑受熱，然後才能將熱傳導到植材內部的水分，也就是溶劑受熱升溫後，植材內部的水分才會開始受熱升溫；但是微波加熱則不用，

蒸餾前用微波爐將已經預處理好的野薑花進行微波，有利於萃取率的提升。

微波可以直接穿透溶劑，讓植材內的水分同時受熱膨脹進而破裂。

現代家庭中微波爐已經非常普遍，所以介紹這個方法給讀者，讓大家可以就地取材，利用廚房裡的微波爐進行微波輔助蒸餾。微波輔助的方式有幾個重點：

1. 乾燥的植材先浸泡再微波

植材必須含有水分，才能夠吸收微波達到效果，所以乾燥的植材必須先浸泡，讓植材吸飽水，再放進微波爐進行微波。

2. 微波加熱前必須先添加適量的水

要進行微波前，先將植材浸泡在水中，不要把沒有加水的植材直接送進去微波，受熱後植物含精油的系統破裂後，這些內容物要能夠流到水裡面，如果沒有添加水就進行微波，受熱破裂流出的有效成分，可能會揮發到大氣中，也可能附著在容器內壁，反而會造成有效成分損失。

所以，我們要先把植材浸泡在水中，再進行微波，讓破裂後的有效成分流入浸泡的蒸餾水中，然後將這些蒸餾水用作蒸餾的水蒸氣來源，當蒸餾進行時，水中所含的有效成分就可以直接被蒸餾出來。

3. 微波的功率與時間

微波時間的長短也跟植材的含水量有關。較乾的植材需要較長的微波時間，含水量較多的植材微波時間較短。微波的功率與時間，建議以功率 300W ～ 350W，時間 3 分鐘，作為參考基準。

閱讀相關文獻與實驗結果數據，說明當我們把微波時間設定為 3 分鐘，功率在 160W ～ 350W 之間時，精油的萃取率會隨著功率增加而增加，但當功率來到 400W、500W 甚至更高的功率時，精油的萃取率反而有降低的趨勢。

過小的微波功率，無法徹底讓含油的細胞破裂，對於萃取率提升效果有限；過高的微波功率，則會使溫度升高太多，揮發性成分過度揮發，甚至造成部分成分氧化，也會導致萃取收率下降，及蒸餾萃取出來的精油顏色較深，混有雜質。

所以，最佳的建議值就是功率 300W ～ 350W，時間 3 分鐘。

以自家的微波爐為例：微波爐上的微波功率選項只有三個：解凍 170W、冷凍食品 500W、加熱 750W。這時候我如果選擇 170W 和 500W，依照建議的功率與時間的比例，我需要微波的時間就是：

300W×180 秒 / 170W = 317 秒 （約 5 分鐘）
300W×180 秒 / 500W = 108 秒 （約 2 分鐘）

750W 由於功率太高，所以一般我不會使用這個功率來微波，會盡量挑選功率在 500W 以下的選項。

植材的保存

如果我們按照最佳的黃金採收季節、時間採收植材，但是採收的量沒有辦法達到一次蒸餾所需的量，又或是一次採收的量很大，沒有辦法在當天將所有植材都蒸餾完畢，這時植材的保存就是非常重要的課題。

植材的保存其實跟食物的保存非常類似，基本的原理就是控制容易讓它產生化學變化的三個因素：水分、氧氣、溫度。所以，植材保存方式對應以上三因素，最實用、簡單的方法有以下三種：

1. 乾燥

乾燥是非常實用的保存方法，特別是對香草類植物。乾燥的過程中，讓植材所含的水分慢慢揮發掉，植材中的活性酵素也無法在沒有水的環境下生存，這些酵素會在乾燥過程中，隨著水分揮發漸漸失去活性。失去酵素的作用，植材也就進入穩定的狀態。

2. 真空密封保存

真空密封保存就是把酵素或微生物存活或進行反應所需要的「氧氣」排除，讓其無法存活。如果要用這個方式保存植材，需要添購一台「食品真空密封機」，一般家用等級機器價格都很便宜，建議可以添購一台，不僅可以保存植材，也可以用來保存一般食材。

如果不想那麼麻煩，比較簡單的方法就是使用食品的「夾鏈式保鮮袋」，雖然它無法提供真空度比較高的環境，但是基本上也能提供較高的氧氣阻絕率，阻絕氧氣與植材的接觸。

3. 冷凍保存

把植材放入冰箱冷凍庫中冷凍保存。冰箱「冷藏」的溫度大概在 4℃ 左右，「冷凍」溫度則是在 -18℃ 以下。植材採收下來，其中某些自帶酵素仍然可以繼續運作，一定要把環境溫度降到夠低，才能讓這些酵素停止作用。

牛肉進行熟成的環境溫度大約在 0℃，也就是說牛肉的天然酵素在 0℃ 時還是可以進行反應，所以牛肉才可以達到熟成的效果；換句話說，0℃ 的溫度並不能讓牛肉中的酵素停止反應，需要更低的溫度才可以。植材的保存也是一樣，冷藏庫的溫度並不能讓這些酵素停止反應，冷凍庫的溫度才夠低。

以上這三種分法可以混搭運用，像是「真空包裝後再冷凍保存」，「乾燥後再冷凍保存」，「乾燥後再真空冷凍保存」，混搭運用的功效可以加成！如同茶農製作茶葉就是經過乾燥、真空包裝，如果要保持茶葉的品質，通常都會將真空包裝好的茶葉再冷凍保存。以我個人的經驗來說，玫瑰花、杭菊花等植材，用真空冷凍保存最長的時間將近一年，之後所蒸餾出來的純露香氣仍然很好。

使用食品真空密封機，將新鮮玫瑰花真空密封。

食品用的夾鏈式保鮮袋也有阻絕氧氣的效果。

所需的器具
蒸餾精油、純露

{ 蒸餾流程示意圖 }

箭頭表示冷凝水流動方向

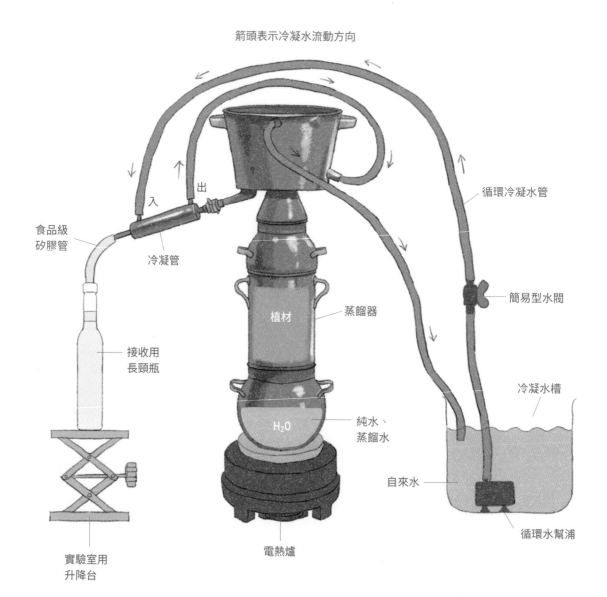

食品級
矽膠管

出

入

冷凝管

循環冷凝水管

植材

蒸餾器

簡易型水閥

接收用
長頸瓶

純水、
蒸餾水

冷凝水槽

H₂O

自來水

實驗室用
升降台

電熱爐

循環水幫浦

蒸餾器

阿格塔斯銅製蒸餾器

循環水幫浦

購買器具時請注意兩個數值：一個是「揚水高度」（幫浦可以把水送到的最高高度，單位一般是公尺），一個是「流量」（每小時幫浦送出的水量，單位是公升 / 小時）。

如果冷凝水放置的越低，蒸餾器的高度越高，你所需要的幫浦揚程就要相對加大，幫浦的流量也要隨著你的蒸餾器越大。舉例來說，2 公升的阿格塔斯銅鍋，搭配的幫浦揚程是 0.8 米、流量是 450 公升 / 小時。還有一點小提醒，如果你預估冷凝水要送達到落差 2 米的高度，在購買幫浦時請再加上 20% 的餘裕值，也就是購買最高揚程 2.4 米的幫浦。

循環冷凝水管

用來循環冷凝水的水管，不會接觸到蒸餾出來的產物，管內冷凝水的溫度也不是處於高溫的狀態，所以材質對於耐熱性及耐化性並沒有特別要求，使用一般家用水管或水族用的水管都可以。水管的標示，通常會同時標出內徑與外徑。例如：水族用的水管有分 9 / 12mm、12 / 16mm 等規格，其中 9mm 是管的內徑，12mm 則是外徑。

簡易型水閥

為了較容易控制冷凝水的流量，可以
在進水的管路中間，加上一個控制流
量的開關閥。

蒸餾水（純水）

蒸餾所使用的水，需
使用蒸餾水，不要使
用自來水。關於蒸餾
所用水源的選擇，在
Q&A 中有比較詳細的
解說（請參考 P.272）

加熱爐

視蒸餾器不同，可搭配電陶
爐、電熱爐、天然瓦斯爐、
卡式瓦斯爐、柴火爐灶都可
以，越容易精準控制火力的
設備越好。

實驗室用升降台

蒸餾器的餾出口高度與接
收瓶之間可能會有高低落
差，除了使用食品級矽膠
管來導入蒸餾產物之外，
也可以使用實驗室用的升
降台來調整接收瓶與餾出
口的高低落差。

接收用長頸瓶

接收容器可以選擇
長頸瓶。使用長頸
瓶的優點在「接收
容器的選擇」章節
有詳細的解說。（請
參考 P.78）

食品級矽膠管

接收蒸餾產物時，常因為蒸餾出口與接收瓶間有高低、距離落差，必須再加上一小截短導管，才能順利將蒸餾產物導入接收瓶內。

選用的管材必須是耐溫及耐化性較佳的矽膠管，直接選擇「食品級矽膠管」最為安全，千萬不要用一般家用水管或是水族用的水管取代。除了材質最好選擇「食品級矽膠管」以外，還要注意一個細節：由於這段矽膠管會接觸到產物，所以使用前也要先以 75% 酒精對管內消毒，以免污染蒸餾產物，使用後也要清洗。

冷凝水桶或自家廚房洗碗槽

使用廚房的洗碗槽是最方便的，當槽內冷凝水變溫熱，可以直接放掉熱水，直接打開水龍頭就可補充冷水。另一個方式是準備一個水桶作為冷凝水之用，但當水桶內的冷凝水變溫熱後，要導出熱水補充冷水的操作與使用廚房水槽相比之下顯得比較麻煩，水桶盡量挑選容積大一點的，可以延長更換冷水的時間。

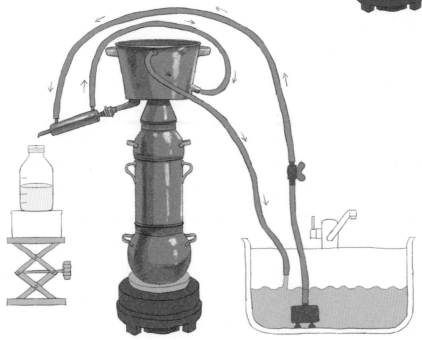

準備蒸餾工作

當我們把全部的器材、植材預處理都準備好後,接著就是要把蒸餾器與冷凝水管架設起來,每一款蒸餾器的設計都不相同,冷凝水的進水與出水口的位置也不同,但是冷凝水進水與出水的不變規律,就是「下方進水,上方出水」。

唯有下方進水、上方出水,才可以讓冷凝的位置或冷凝管充滿冷凝水,上進下去是無法充滿冷凝管的。以下舉兩款銅鍋的圖片為例:

{ 阿格塔斯 PLUS 款蒸餾器與冷凝水組裝 }

箭頭表示冷凝水流動方向
冷凝水規則為「下方進水、上方出水」

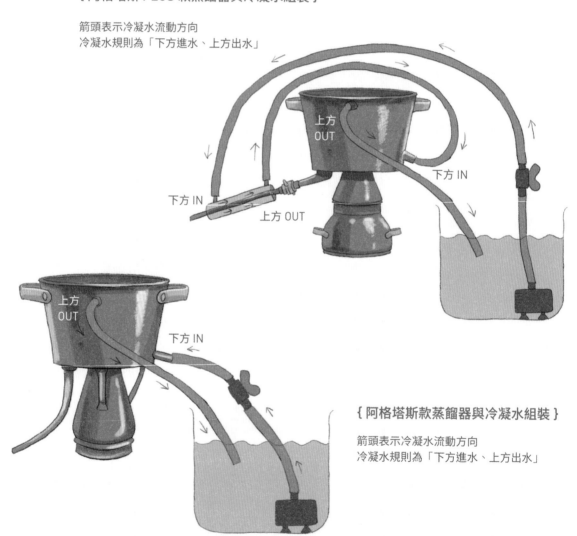

{ 阿格塔斯款蒸餾器與冷凝水組裝 }

箭頭表示冷凝水流動方向
冷凝水規則為「下方進水、上方出水」

循環的冷凝水管裝備好之後,先打開循環水幫浦的電源,確定冷凝水開始正常循環後,再打開加熱的電源或瓦斯,開始加熱。

什麼是料液比？

料液比例就是指「植材重量」與「蒸餾水重量」的比例。例如，蒸餾玫瑰花時的建議料液比例是 1：3 ～ 1：4，也就是說如果玫瑰花重量為 100g，那麼要添加的蒸餾水重量就是 300g ～ 400g，由於水的比重為 1g／cm³，所以 300g 的蒸餾水也可以直接量取 300ml，400g 則直接量取 400ml 的蒸餾水。

植材不同，建議的料液比例也不同

料液比例所代表的含義是「蒸餾的終點」。

這邊依然以玫瑰為例，當蒸餾玫瑰花建議添加的料液比例為 1：4 時（也就是 100g 的玫瑰花蒸餾時要添加 400ml 的蒸餾水），添加完植材與蒸餾水後開始蒸餾，當接收的純露到達 400ml 時，玫瑰花中的揮發性成分就已經被我們萃取完整，而到達「蒸餾的終點」。

如果你添加了 1：5 蒸餾水，會有什麼差別呢？當蒸餾出 400ml 的純露後，其實玫瑰花中的揮發性成分已經萃取到極限了，所以，蒸餾出來的第 400ml 開始到第 500ml 中，已經沒有玫瑰花的揮發性成分了，也就是說，這多加入的跟收取的 100ml，不含有植材的有效活性成分。

所以，添加的料液比例，就是象徵性的「蒸餾終點」，當你添加超過這個比例的蒸餾水或是接收超過這個比例的產物，其中的揮發性成分已經明顯不足了。

不同的植材，因為揮發性成分均不相同，含量、組分也各有不同，能夠萃取出來的精油與純露的量也各不相同；所以，不同的植材當然會有不同的料液比例建議，擁有不同的「蒸餾終點」。

如何添加正確的料液比例？

本書中列舉了22種不同的植材，其中包含了不同類別的植材、不同的植材取材部位，如果屬於書中列舉的植材，可以直接依照建議的料液比例進行添加蒸餾，再對收集到的精油與純露做基本的感官評鑑[註1]（無儀器的評鑑方式），作為下次添加料液比例及找到最合適的蒸餾終點之參考。

如果是書中無列舉到的植材，可以參考類似的植材與取材部位來添加與記錄，或是讀者也可以在我的社群網站[註2]上提出問題，我會盡力為各位解答。

註 1
感官評鑑也可稱為感官分析，是利用人體自身的器官作為檢測工具，對於待驗物品的色、香、味、形、觸感、音色等感官質量特性，利用我們的視覺、嗅覺、味覺、聽覺、觸覺對待驗物品各方面的質量狀況做出評鑑。

透過感官的分析，很容易了解人們對於這些物品的感受或是喜好程度，這樣的技術廣泛被應用於食品業、化妝品業。像是「品茶師」、「品酒師」都是利用感官評鑑來判斷產品好壞的專業人士。

註 2
Facebook 搜尋「寶貝香氛」。

添加過少或過多的料液比例有什麼影響？

添加過少的料液比例，無法將植材中的揮發性成分萃取完整，也就是還有很多揮發性成分仍存在於植材中，沒被萃取出來，而形成浪費。過多的料液比例，則會造成接收的產物過多，到達蒸餾終點後所接收的產物已經不含揮發性成分，多接收的產物只會稀釋了原本飽和的產物。

先將植材進行秤重，再添加合適比例的蒸餾水。

曾有學員提出一個問題：「如果添加比建議的料液比例還要多的蒸餾水，但是只接收建議的料液比例之產物，會有什麼不同跟影響？」其實，這個問題也可以看成：「玫瑰花建議添加的料液比例為 1：4，如果添加 1：6 的蒸餾水，但是只收取 1：4 的產物，這樣可以嗎？」

這種添加方式會有多餘沒有蒸餾出來的 200ml 蒸餾水存在於蒸餾底物中，而這些沒有蒸餾出來的蒸餾水當中，都會溶解許多揮發性成分在其中；越多沒有蒸餾出來的水，就會溶解越多揮發性成分，無形中也會降低萃取的收率、效率與品質，而萃取不完整也是一種浪費。

加熱火力與溫度控制

加熱的火力與溫度的控制，有幾個基本的要件跟觀念：

火焰的管控

若使用瓦斯（明火）加熱，火焰範圍不得超過鍋爐外緣，如果火焰的範圍延燒到鍋邊，會有損害鍋具的疑慮。

基本的控溫方式

首先開大火加熱，如果使用電熱爐為加熱方式，將旋鈕轉至功率最大的位置，直到水開始沸騰，開始有純露餾出後，立即轉為小火，將旋鈕轉至功率較小的位置，讓沸騰的水穩定維持在微微沸騰的狀態（類似煨湯的沸騰狀態）。

過大的火力會有什麼影響？

當加熱火力過大，對植材裡的熱敏性成分會有不好的影響，也就是對植材蒸餾出來的品質會有影響。水的沸點是 100℃，當我們把加熱火力加大時，只會影響水氣化成水蒸氣的量，不會造成水的溫度超過 100℃；但這時提供的熱量，卻可以讓高沸點揮發性成分的溫度上升超過 100℃。

就像我們在吃麻辣鍋的時候，會覺得上層的辣油特別燙，或是炒菜時加熱沙拉油，它的溫度可以上升到 200℃ 以上一樣，當加熱火力大的時候，其實是可以讓這些揮發性成分受熱超過水蒸氣的溫度，所以才會提醒別讓火力過大。

蒸餾速度

蒸餾速度就是加熱火力控制的數字化表示方法。那麼,該如何測試蒸餾速度?

蒸餾時,當水沸騰、開始有純露餾出後,開始記錄餾出時間與餾出的純露容量,我們可以取 15 分鐘收取的量;如果 15 分鐘收取到的量是 100ml,那麼在這個加熱火力功率時的蒸餾速度就是每小時 400ml。

書中每一種植材都會有建議的蒸餾時間,這個蒸餾時間就是要用蒸餾速度來調整。例如:建議蒸餾時間為180分鐘,我們就要調整加熱的功率,讓加入的蒸餾水控制在180分鐘蒸餾完畢。蒸餾速度過快或過慢,都對產物品質與萃取率有影響。

過慢的速度表示產生的蒸氣量不夠,無意義的拉長蒸餾時間;過快的蒸餾速度,表示蒸氣量過大,太快就把蒸餾水蒸餾出來,很多揮發性成分萃取不完整。所以,調整蒸餾的速度,以符合建議的蒸餾時間,是蒸餾過程中要控制的一個要件。

Q 玫瑰花的建議料液比例 1：4，蒸餾時間為 180 分鐘，現在手中有 200g 的玫瑰花，該如何搭配運用「料液比例」與「蒸餾時間」這兩個蒸餾要件？

A 如果玫瑰花的重量為 200g，料液比 1：4，所以要添加的蒸餾水量為 800ml，如果建議的蒸餾時間是 180 分鐘，我們首先來計算到達蒸餾終點可以收集多少 ml 產物。

800ml 的蒸餾水，需要先扣除必須留在鍋底以防止蒸乾的蒸餾水量，大約 100ml，再加上玫瑰花吸附水的量，大約 50ml，所以我們預估總共可以收集到約 650ml 的純露。

蒸餾產物總共 650ml，而蒸餾時間建議為 180 分鐘的話，那麼蒸餾速度就是控制在 650ml / 3 hr ＝ 216.7ml / 每小時。

可得結論為：在蒸餾過程中，調整到合適的加熱功率，讓蒸餾的速度控制在每小時 216.7ml，蒸餾 3 小時，收集到 650ml 的純露，就是最佳的料液比例與蒸餾速度的控制。

小提醒 /
植材在蒸餾中會吸附住飽和的水分，這些被植材吸附住的水分是無法蒸餾出來的，所以在預估產物的量時，這個量要記得扣除。各種植材會吸附的水量都不一樣，像茶樹所能吸附的水分很少，而玫瑰花所能吸附的水量就非常多。

舉個實例給各位參考，實際蒸餾玫瑰花時，蒸餾前鮮花秤重 800g，蒸餾完畢後將吸滿水的玫瑰花渣取出秤重，花渣重量為 975g，這表示玫瑰花吸走了 175ml 的水，這些被吸附在植材中的水量，必須記得預估和扣除。

精油與純露的接收（挑選容器）

由於蒸餾的產物是互不相溶的植物精油與純露，所以在接收了這兩種同時餾出的產物後，接著必須將精油與純露分離。在接收產物的階段，可以選擇下列兩種方式，以利分離工序的進行。

使用油水分離器、分液漏斗

在接收產物的階段，直接使用油水分離器或分液漏斗，可以省略下一階段精油與純露的分離工序。也就是說，在蒸餾產物的過程中，利用這個設計簡單的裝置，就可以將蒸餾出來的精油與純露，利用其比重不同的原理，自動將精油層與純露層分開，進一步也可以將精油層留在油水分離器或分液漏斗之中，而純露則會不斷被自動導入另一個接收容器內。

市售的油水分離器雖然外型設計有很多不同的款式，但設計的基本原理都是相同的，材質則大多是玻璃或金屬，在選擇時有幾個要件可以參考：

● 油水分離器的設計分為收集「比重比水輕」的精油使用的，以及收集「比重比水重」的精油使用的，兩者的設計有所不同，但一般來說，市售的油水分離器90% 以上都是針對「比重比水輕」的設計，畢竟常拿來蒸餾的植材中，精油比重比水重的數量並不多（例如肉桂精油比重大於 1，大於水）。

所以，我們可以先選擇一款「比重比水輕型」的油水分離器；當遇到要蒸餾比重比水重的植材時，就可以採取先接收再分離的工序。挑選重點如下：

● 設計的結構，越簡單越好。
● 挑選使用起來較方便的「可獨立站立」款式。大部分玻璃製的油水分離器，都需要另外架設鐵架台、夾具加以固定，本身沒有辦法獨立站立，使用起來會比較不方便，也比較佔空間。
● 挑選容易清洗的款式。當你看到一款油水分離器時，可以假設自己要去清洗的時候，方不方便清洗？會不會有許多清洗不到的死角？

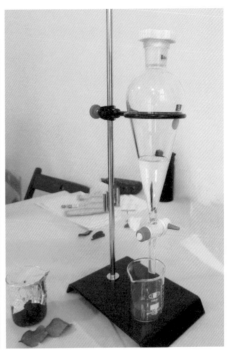

銅製油水分離器，精油較輕會留於玻璃管上層，純露較重則由下方經銅管流出。

250ml 梨型分液漏斗及鐵架台，分液漏斗下方活栓可選用聚四氟乙烯（PTFE）材質，使用上比玻璃材質的活栓方便，因為玻璃材質的活栓使用前必須塗上真空油脂以防止液體滲漏，聚四氟乙烯材質則不用，同時聚四氟乙烯的密封性也比較好。

{ 比重比水輕與比重比水重的油水分離器 }

純露出口　　　　　　　　　　　精油出口

輕型油水分離器

純露出口

精油出口

重型油水分離器

使用容量合適的長頸容器接收

　　除了考量接收容器的容量外，也需考量接收瓶的形狀。盡量選擇瓶身下方較寬，上方較窄，瓶頸長，瓶口較小的容器當作接收瓶，當蒸餾的純露都收集起來後，純露的量也剛好充滿了長頸的容器，這時候比較輕的精油層，會剛好累積在靠近瓶口的位置，方便用滴管或吸管將精油吸取出來，很容易就能分離精油與純露。

接收容器可選擇長頸瓶，較容易觀察精油層，也易於抽取分離。

使用廣口容器接收，精油層的面積太大，不易觀察與抽取分離。

蒸餾課程實作照片，接收容器均使用長頸瓶。

長頸瓶有利於上方精油層的取出，可以用滴管輕易吸出。

接收量的計算與合適的容器

　　將預估餾出的精油與純露總容量分成 3 個接收容器接收，所以接收容器的容量選擇能透過簡單的計算得出：

　　加入 500ml 的蒸餾水（淘汰最先餾出的 5 ～ 10ml）以及蒸餾器內要保留約 50ml ～ 100ml 的少量溶液不可蒸乾，以及被植材所吸附的水分（植材所吸附的水量，因植材不同也有差異，這邊所寫的數量僅提供參考）。

預估餾出純露的總容量在 500ml，扣除約 100ml = 約 400ml。

400ml / 3 個接收容器 = 每個接收容器約 133ml。

最好的接收容器，是選擇 150ml（略大於 130ml）容量的長頸瓶 3 個。

分階段接收的好處：

1. 易於觀察過程與蒸餾完畢後產物的比較分析：
   分成三個接收時段與分三個容器來接收，在蒸餾過程中與完成後，便於利用感官對三個容器所蒸餾出來的純露進行評測，作為下次添加料液比與接收純露量之依據。

   如果收集到第三個容器香氣還很濃郁，外觀也可以觀察到仍有許多精油，那麼下次就可以添加更多的蒸餾水，收取更多的純露；相反的，如果收集到第三瓶純露，香氣有很明顯的不足，精油量也幾乎沒有，就可以調降料液比例與收取純露的量。

2. 避免操作過程的粗心或意外毀了全部的成果：
   蒸餾過程中如果有意外發生，例如不小心蒸乾了溶液，造成植材燒焦，那麼燒焦的味道就會跑進蒸餾產物中，造成辛苦蒸餾的結果泡湯。

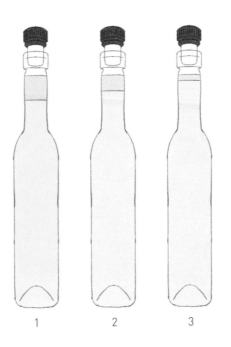

精油

純露

建議把收集的產物分階段接收，易於觀察過程與蒸餾完畢後產物的比較分析，如左圖所示，能見到每個階段所收集到的精油越來越少。

1-6 蒸餾過程的觀察重點與注意事項

蒸餾的時間，依照植材種類的不同，從 90 分鐘到 240 分鐘都有，在這段時間裡面，我們除了要調整好火力的大小，搭配出最佳的蒸餾速度以外，還有很重要的工作就是觀察與記錄；及時發現要點記錄下來，也可以及時發現錯誤立即進行修正，仔細的觀察與記錄，是蒸餾工藝進步的基礎。

顏色

使用蒸餾法蒸餾出來的純露外觀顏色應為透明無色，如果出現顏色，顏色的來源並不是純露本身，而是純露中混溶精油的顏色，所以觀察到的純露應該是混濁狀，略帶有精油顏色的狀態；如果蒸餾出來的純露，出現類似泡茶的茶湯般清澈不混濁，卻又明顯呈現出黃色的狀態，這時可能就代表蒸餾過程出現問題。

如果蒸餾出的純露帶有顏色，表示蒸餾過程有蒸餾底物的水溶液溢出而被接收到產物中的狀況，這些水溶液並不是氣化的水蒸氣，而是蒸餾器下方還沒有經過加熱氣化的水溶液；這種滿溢出來的現象，最有可能發生在「共水蒸餾」的蒸餾方式，因為植材充填的量過多，太過於靠近蒸餾器上方的蒸氣出口，並且沸騰幅度過大，造成下方溶液還沒有氣化就溢出。

如果在蒸餾的過程中觀察到純露顏色有異，就應該先停止蒸餾，檢查蒸餾器的充填狀態是不是過滿，改進後再進行蒸餾。

混濁度

蒸餾出的純露混濁度，可以顯示出精油比重與萃取出的精油量。越混濁的純露表示其中所混溶的精油越多，精油的比重也越接近水的比重。

臺灣土肉桂精油與純露：臺灣土肉桂精油含量高、精油比重接近水的比重，所以純露呈現高度混濁的狀態。

氣味

蒸餾過程中，可以用嗅覺對不同時段所收集的產物做評測，芳香氣味越濃，表示其中的揮發性成分越多；芳香氣味越變越淡，也就表示其中的揮發性成分含量已經越來越少，這是在沒有精密儀器測試時，最為簡單有效的評測方法。

如果明顯出現不正常的氣味（如燒焦味、發酵後的味道、植材保存方式不當吸附了冰箱內其他食物的味道），可以即時停止蒸餾，找出原因改進後再進行。所以，隨時用嗅覺去觀察蒸餾過程中的產物，是很重要的一項工作。

剛剛蒸餾出的純露，某些味道與原生植物有很大的不同，甚至有些會讓人覺得有臭味，經過靜置陳化後，氣味會更佳。如果剛蒸餾出的味道自己不喜愛，也別即刻將它倒掉，在冰箱放置一段時間後，再拿出來聞聞看，也許會有不同的感受，可能會有驚喜（例如：依蘭花、白蘭花、檸檬馬鞭草、晚香玉等）。

冷凝水水溫

蒸餾過程中，冷凝水溫度一旦升高則需更換，以確保提供持續的冷卻效能。

冷凝水的溫度會隨著蒸餾時間的增加而上升，溫度如果過高，會讓蒸餾出的精油與純露溫度也過高，或是無法有效冷凝而造成蒸氣直接從冷凝管中衝出的現象。這些無法有效被冷凝下來的蒸氣都是產物的流失，所以我們必須隨時注意並保持冷凝水處於室溫或是相對低溫的狀態，當冷凝水的溫度用手觸摸會覺得溫熱時，就可以進行替換。

在循環的冷凝水中加入冰塊，可以有效降低冷凝水的溫度，讓冷凝效果好一些，也可以讓冷凝水的溫度持續在低溫長一點的時間。建議在冰箱裡自製一些大塊的冰塊備用。

實驗室或養魚用的水族設備中也有一種「冰水機」，依照機種效能的不同可以提供不同低溫的水作為冷凝的循環水使用，操作起來很方便，冷凝效果也非常好，只是價錢並不便宜，功率越高、價格越貴。

其實在家中 DIY 蒸餾，最適合的場所是廚房，直接使用家中炒菜的瓦斯爐或電熱爐，然後將廚房的水槽當作冷凝水的儲存容器，剪取合適長度的冷凝水管，然後將循環水幫浦放置在水槽內；當冷凝水的水溫過高時，直接打開下方的放水口進行放水，然後再打開水龍頭將冷水補滿，這是最為方便的方法。

以廚房的水槽作為冷凝水的儲存容器最為方便，水溫過高時，可以直接打開放水口放水，同時打開水龍頭即可補充冷水。

操作中勿離開

　　這點是相當重要的！蒸餾過程大約都在 3 ～ 4 小時左右，有時大意離開去做點別的事情，再回來時可能就已經發生鍋子燒焦、水管噴水、鍋子沒有裝好而產生漏氣等意外狀況，毀了所有的成果。因此，操作中最好全程都不要離開。另外，不管是用明火加熱或是電熱加熱的方式，關上火源、電源前不可以離開現場，也是居家防火防災的基本重點。

DIY 自製精油與純露，可以試著用最簡單的方式，以文字、照片、影像等，記錄下每一個過程與結果，作為日後改進蒸餾工藝的參考。以下是我以蒸餾玫瑰純露為例所寫的實驗紀錄，提供各位參考。

日期 /	2019 年 3 月 10 號
天氣 /	晴、氣溫 22℃
地點 /	台中霧峰
濕度 /	潮濕（玫瑰花田剛澆過水）
植材名稱 /	秋日胭脂，外型形似包子，俗稱「包子玫瑰」
英文名稱 /	Autumn Rouge，品種來自日本

早上約 9 點，到達台中霧峰一座專業種植玫瑰的農場採收，此玫瑰園採無農藥自然農法種植，屬於食用級玫瑰，此品種玫瑰香氣濃郁，不同於一般玫瑰，香氣中帶有「茶香」。

根據種植者說明，此品種玫瑰因為病蟲害少，可以不噴灑農藥，同時也很容易種植、好照顧，因此園主的田裡只種植兩個品種的玫瑰，秋日胭脂（包子玫瑰）是其中之一。

包子玫瑰的花瓣皺摺很多、密集且花瓣數也多，盛開時花瓣往內包覆，形狀像包子，與我以往所見的玫瑰有很大不同。一朵秋日胭脂（包子玫瑰）的花，重量約在 7 ～ 8 克。

在田裡採收時，挑選約八成開花的花朵，置於紙袋中返回工作室，預計返回工作室時間為晚上 7 點，立即開始進行蒸餾。

本次共計摘採 30 朵，在回程的途中整個車內充滿玫瑰的香氣，香氣確實與市售觀賞用玫瑰大有不同。返回工作室後，立即將玫瑰平鋪於桌面備用。

預處理

1. 採全朵玫瑰花進行蒸餾，保留花萼的部分，僅將花萼下方多餘的莖去除。
2. 玫瑰花秤重 200g。

料液比例

1：3
玫瑰花瓣 200g
蒸餾水 600ml

預計接收 500ml 純露，分為 3 個階段接收，準備 3 個 200ml 容量的接收瓶。

蒸餾過程

{ 下午 7:10 }

開始蒸餾，電陶爐一開始調至最高火力為 1300w。

{ 下午 7:20 }

沸騰並開始有純露餾出，立即將電陶爐火力降為 800w，開始接收（1 號接收瓶）；開始計算蒸餾速度、調整火力。

{ 下午 7:20 ～ 7:50 }

30 分鐘約收集 100ml（此火力大小預計蒸餾時間為 2.5 小時，不再調降火力，就以 800w 蒸餾到結束）。

{ 下午 8:20 }

餾出後 1 小時，1 號瓶已經收滿約 200ml，續接 2 號瓶（火力仍保持 800w）。

Note：1 號瓶所得的餾出液香氣飽滿濃郁，香氣與鮮花十分相似，純露清澈，上方無明顯精油層。

{ 下午 9:20 }

2 號瓶收滿（約 200ml）續接 3 號瓶（火力仍保持 800w）。

Note：2 號瓶所得的純露香氣與 1 號瓶相比並沒有明顯的不同，香氣仍十分濃郁

{ 下午 9:55 }

3 號接收瓶已收取約 100ml 純露，已達預估收集量。關上電源停止蒸餾，冷凝水仍保持循環，等降溫後再關閉。

Note：3 號瓶內的香氣有比較明顯的淡化，並無前兩瓶的濃郁，但仍有玫瑰香氣

2020/03/27 所蒸餾的白柚花純露 pH 值檢測，以照片形式記錄。

2019/12/2 蒸餾所得的檜木純露 pH 檢測，用照片來記錄。

後處理

1. 分別檢驗三個瓶子中純露的 pH 值，所得結果分別為 5.25、5.43 和 5.67。
2. 以濾紙過濾後，將純露放置於冰箱保存。

結論與改進

1. 首次使用強香型的玫瑰花進行蒸餾，純露的玫瑰香氣非常足，和以前使用的非強香型玫瑰花一比較，感官香氣的評鑑好太多了，下次一定要選用強香型的玫瑰。

2. 這次設定的蒸餾時間為 2.5 小時，比文獻建議的時間 240 分鐘短了很多，下次可以嘗試用 600w 或 450w，延長蒸餾時間，看看蒸餾所得的純露是否香氣更佳？

3. 第三瓶純露的香氣雖然有明顯的衰退，但還是有很明顯的玫瑰花香，分批接收後要裝瓶前會先將三瓶合併，所以 1:3 的料液比例是 ok 的。

將蒸餾植材、製成純露的整個過程進行記錄，清楚寫下植材來源與取得、摘採時間與日期、液料比例與詳實的過程，從餾出開始計時到結束蒸餾為止，這些詳實紀錄與結論、改進，都可以作為往後蒸餾製作純露、精油的資料庫，再從每次的紀錄中得到最完美的料液比例與蒸餾時間、速度。

1-8 蒸餾後處理

精油與純露的分離

蒸餾完畢後，產物就是珍貴的精油與純露，後處理步驟就是把所得的精油與純露油水分離，接著純露要進行必要的過濾工序，最後進入容器消毒、滅菌與分裝的階段。

精油與純露的分離工序，需要操作的時機通常是在萃取含油量高的植材時，較高的得油率才能在油水分離器或分液漏斗裡見到明顯的油水分離狀態。

有出現分層的狀態，才需要進行油水分離的工序。例如澳洲茶樹、柑橘類、香葉萬壽菊等等，這幾種植材的精油含量很高，會出現很明顯的精油、純露分層狀態；而如果是花朵類植材，例如玫瑰花、白柚花、七里香等等，就不需要使用油水分離器，因為花朵類植材的精油含量很低，蒸餾產物中幾乎很難見到精油與純露出現分層的狀態，如果沒有出現明顯的分層狀態，就不需要操作這道工序。

如果沒有出現明顯的精油層，混溶在純露中的精油可以分離出來嗎？

答案是肯定的。但是，要取出純露中混溶的精油，就必須使用「溶劑萃取」的方法，溶劑萃取的工序一定會使用到大量的「有機溶劑」，如正己烷、石油醚等，考量到以下兩點原因，在這本書中並沒有章節來教大家 DIY 使用「有機溶劑」分離精油。

原因1、「有機溶劑」多為沸點低、具有一定生理毒性的可燃性液體，操作起來具有一定的危險性，在沒有專人指導的狀態下進行 DIY，很容易發生危險。

原因2、使用「有機溶劑」萃取純露中混溶的精油，如果沒有正確的工序與工藝，很容易造成純露中有機溶劑殘留的狀況，產生使用上的疑慮，反而浪費了這些珍貴的純露。

蒸餾示意圖，以分液漏斗為
油水分離的裝置。

油水分離用的梨型
分液漏斗。

銅製油水分離器，蒸餾過程中可以連
續不斷的收集純露並分離出精油。

油水分離時混溶的狀態
與雜質清晰可見。

如何分離精油與純露

進行油水分離的時機

　　精油與純露無法互溶，所以蒸餾產物一經冷凝後滴入收集容器時，精油與純露會自然分離。如果精油餾出量較大，會看到精油與純露明顯分成上下兩層；但如果精油餾出量較少，可能只會看到混濁、不透明的純露，而看不到分層的狀態。

　　剛蒸餾完畢時，並不是最好的油水分離時機，此時混溶在純露中的精油分子還沒有足夠的時間，能完整從水層跑回精油層。所以，最好的方法是蒸餾完畢後，將收集容器蓋上或密封起來，放在照不到陽光的陰暗角落（冰箱也可以），靜置大約幾個小時，當你見到純露很明顯變得比較清澈時，再來進行油水分離的操作。

一般來說，油水分離的最佳溫度約在 40℃～ 60℃，低溫反而不利於油與水的分離，所以靜置在冰箱裡等待分層的效果會比放在室溫中來得差，但是冰箱低溫的環境相對於臺灣氣溫較高、變化較大的室溫更穩定，特別是有些精油與純露等待分層的時間可能需要 1 ～ 2 天（如臺灣土肉桂）才會出現明顯的分層，所以如果靜置時間比較長，建議先保存在冰箱中，在保存上比較沒有疑慮。

進行油水分離的器具與操作

接下來，就要進行精油與純露分離的操作。操作的方式及需要的器具，可以選擇下列幾種方法 ：

1. 滴管、吸管、移液器

一般常見的市售吸管、滴管及移液管，大概有下圖這幾種，盡量挑選尖端比較長、比較細的外型；材質則選擇玻璃，因為會接觸到精油，玻璃材質的耐化性以及精油在玻璃表面的流動性也會比塑膠吸管來得好；容量則不要選擇太大，一般 1 ～ 5ml 都可以。另外，實驗室用的移液器或是定量吸管，效果也都很不錯，有各種不同容量可以選擇，再搭配相對應的吸球，可以很方便的操作。

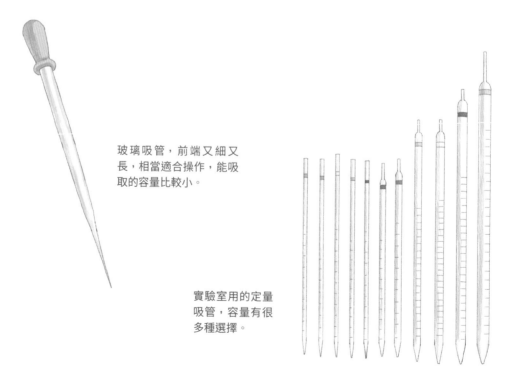

玻璃吸管，前端又細又長，相當適合操作，能吸取的容量比較小。

實驗室用的定量吸管，容量有很多種選擇。

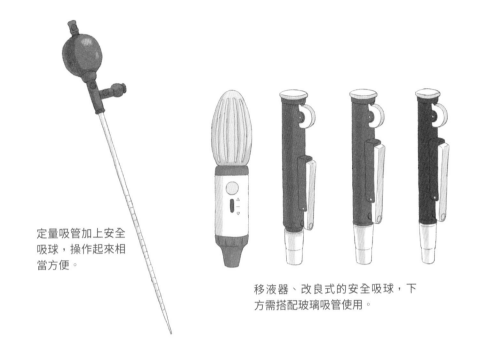

定量吸管加上安全
吸球，操作起來相
當方便。

移液器、改良式的安全吸球，下
方需搭配玻璃吸管使用。

2. 針筒

　　針筒就是一般進行醫療注射用的針筒，可以在藥局或醫療器材行購買到，有
2ml ～ 10ml 等不同容量能選擇，請依照要分離的精油量選擇合適容量。

　　用針筒進行分離的效果相當不錯，同時因為針筒是醫療用品，所以買來的時候
都是無菌狀態，不必另外進行滅菌就能使用（若需重複使用，記得先滅菌）。

**{ 使用針筒、吸管、滴管、移液器
進行油水分離的操作方法 }**

a. 緩緩吸取長頸瓶上方之精油層，小心不要
　　吸到下方的純露。
b. 盡量放置於精油層的上方吸取。

{ 使用分液漏斗進行油水分離的操作方法 }

1. 將分液漏斗置於鐵架台上。
2. 檢查分液漏斗下方活栓確實關閉。

注意事項：進行油水分離的所有容器，因為
會接觸到產物，必須先用 75% 酒精消毒後方
可使用。

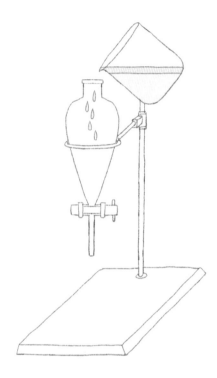

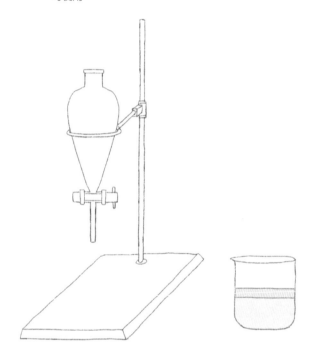

3. 將接收容器內待分離的精油與純
   露，由分液漏斗上方開口緩緩倒
   入分液漏斗內，傾倒的動作避免
   過快、過激烈。

3. 分液漏斗

　　分液漏斗是實驗室設計專門用來分離兩種不互溶液體的儀器，可以在化工儀器
行或透過網路購買，一般合適 DIY 的容量是 250ml、500ml 及 1000ml。

　　如果選擇使用分液漏斗，同時還要購買架設分液漏斗的鐵架和鐵環，鐵環的大
小必須與分液漏斗的大小相搭配，250ml 及 500ml 搭配中號大小的鐵環（直徑約
7cm），1000ml 搭配大號的鐵環（直徑約 10cm）。

　　另外，購買分液漏斗時，盡量挑選上方瓶塞及下方活栓是聚四氟乙烯（俗稱：
鐵氟龍 PTFE）材質的，而不要選擇玻璃材質，因為聚四氟乙烯的氣密性、便利
性及各方面的表現都優於玻璃材質。

4. 待分離的精油與純露倒入分液漏斗後，
   先進行靜置，觀察到精油層與水層明顯
   分層後，再進行下一步驟。

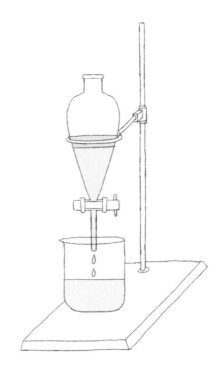

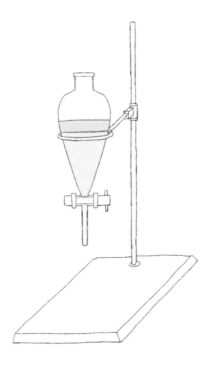

5. 取一容量合適的接收容器置於分液漏斗下方。
6. 先打開分液漏斗上方的活塞（沒有打開液體無法流
   出），然後慢慢轉開分液漏斗下方的活栓，讓分液漏
   斗下方的純露順著下方的玻璃導管流出，流入下方的
   接收容器中。
7. 當上方精油層慢慢下降到接近活栓出口時，調整活栓
   的開關，放緩滴出的速度。
8. 放緩滴出速度後，當下方純露完全滴出，立即關閉活
   栓，保留上方的精油層。

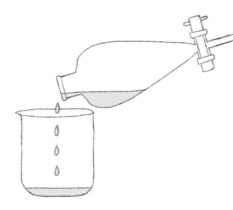

9. 選擇容量合適、茶色或深色的避光精油瓶，將分液漏
   斗內的精油層，緩緩倒入精油瓶中。

注意事項：要從分液漏斗上方的開口倒出精油層，而不要使
用下方的活栓放出精油層，以免分液漏斗下方玻璃管內殘留
的純露，又混入精油層中。

精油收取率的計算

完成了油水分離的工序,將蒸餾所得的精油與純露分離之後,我們要計算一下精油的收取率,作為一項重要的實驗紀錄與參考的數據;藉由收取率,可以進行多方面的比較,在下一次選定植材、預處理植材或蒸餾工藝改進上成為參考指標。

重點 1 不同的植物品種,哪一種所得到的精油收取率比較高?

重點 2 相同的植物品種,種植的品質越好、種植的地點越合適此類植物生長、採收的季節和時間與方法越正確、預處理的方式越優良,都能讓精油收取率有所提升。

重點 3 蒸餾的溫度、速度與蒸餾時間的長短,哪一個是最佳收取率的搭配?

重點 4 精油萃取所得的量(單位:毫升 ml)/ 蒸餾植材的重量(單位:公克 g)X 100 = 精油萃取收率。

舉例說明 /

1. 檸檬果皮:重量 500 克,切成小塊狀。

2. 收取檸檬精油總量:多個接收瓶接收後,合計共 6.2ml。

3. 檸檬精油的萃取收率:6.2 / 500 x 100 = 1.24%

也許有人會想糾正這個收取率的計算方式,因為按照化學上濃度的計算,無論是「重量百分比濃度」與「容量百分比濃度」,分子與分母都應該是以同一個單位下去進行計算;也就是說,我們作為分子的精油收取容量是以 ml 為單位,但分母檸檬果皮卻是以重量公克為單位,這樣分子與分母是兩種不同的單位,並不符合在同一個單位條件下的重量或容量的計算規範。

會這樣建議,是因為不同精油的比重都不盡相同,大約在 0.8 ～ 1.1g /ml 之間,如果要將所收取的精油容量去換算成它的重量,必須先去查找到這個精油的比重,才能夠進行換算。

那麼,該如何查找到品種相同、又可靠的數據?就會成了另一個問題。我建議直接用上述公式去計算,省去換算成重量的步驟所造成的誤差範圍,也會落在 +20 % ～ -10 % 之間。

有時候你會在查找到的文獻或網路資料上,閱讀到植物的「含油率」,這個「含油率」的數據跟我們所計算出來的「萃取收率」其實是相同的計算模式,只是「含

油率」數據的測定，其程序步驟與時間在各國有嚴格標準規範，所使用的蒸餾器材與我們 DIY 的蒸餾器材也不相同，所以這個「含油率」的數據，只是提供參考值而非絕對標準。一般實際操作中「含油率」會大於我們實際的「萃取收率」。

一般來說，我們 DIY 蒸餾植材所得的精油收取率，都會小於這個「含油率」，如果所得越接近這個數字表示蒸餾技巧越好；若遠低於這個數據也不要灰心，只要能一次次提高蒸餾精油的「收取率」，就表示蒸餾技巧與工序都有進步。

在每一次 DIY 蒸餾的過程中，詳細記錄下每一個實驗的步驟、結果，作為下一次改進的基礎，Practice makes perfect，「蒸餾達人」的目標會離你越來越近。

分裝使用的容器與容器的消毒

蒸餾過程中用來接收的接收瓶、過濾用的漏斗、蒸餾出口處延伸用的矽膠管、分裝用的瓶子──所有會接觸到蒸餾產物的容器，一定要先消毒滅菌。

蒸餾過程所產出的純露與精油，除非是蒸餾過程出現問題，否則產物一定是無菌的狀態，也就是說，如果 DIY 生產出來的純露，放置一段時間後，純露裡面有受到污染而產生菌絲，這些污染來源幾乎都來自於後處理過程，是接觸到產物的這些容器，沒有滅菌消毒完整所導致的。

滅菌的操作方法

1. 首先，在操作此步驟時一定要先戴上手套、頭套（浴帽也可），以防止頭髮、細屑等掉入純露中。

用 75% 的酒精噴灑容器內側瓶壁，注意要噴到每個死角，不要有地方沒有噴到。

2. 用 75% 的酒精（乙醇）噴灑會接觸到產物的物品表面（如接收瓶、分液漏斗、分裝瓶的內側瓶壁、漏斗的接觸面、矽膠管的內壁、吸取精油用的吸管、移液管等）噴灑時務必讓酒精完整覆蓋到每一寸接觸面上。

＊如果是接收瓶或分裝瓶這類容量比較大的容器，也可以直接把 75% 的酒精倒入到 6～7 分滿，然後充分搖晃瓶身，讓整個瓶子的內壁都接觸到酒精，再把酒精倒入下一個分裝瓶內，依此類推，重複同樣操作，把每個需要消毒的容器都消毒完畢，使用後的酒精再倒回酒精儲存瓶中保存，下次還可以繼續使用。

3. 酒精倒掉後，瓶中多少會有酒精殘留，先把這些殘留酒精盡量甩出來，再加入適量「蒸餾水」去清洗酒精接觸過的瓶壁，將殘留酒精清洗出來。

4. 最後，把清洗用的蒸餾水倒掉，就完成了最簡易、也最有效的滅菌程序。

小分享

消毒用的酒精，可以去藥房買 500ml 瓶裝的「95% 台糖酒精」回來自行稀釋為 75% 的酒精，因為市面上 75% 的消毒用酒精，它的添加物比較多，氣味上也比較不好聞，我們裝載充滿香氣成分的純露，最怕這種不好的氣味混入產物中；而 95% 的台糖酒精不含任何添加物，乙醇所散發出來的味道也比較柔和，沒有刺鼻嗆辣味。所以，不管你是在調配芳香產品或消毒容器的過程中需要用酒精，都建議用 95% 台糖酒精自行稀釋後使用。

＊ 500ml 的 95% 台糖酒精＋133ml 的蒸餾水＝633ml 的 75% 酒精

分裝容器材質的選擇

裝精油宜採用茶色玻璃瓶或深色可避光的玻璃瓶，塑膠類的材質不適合裝載精油；分裝純露的容器，材質可選擇性則比較大，像是市面上販售的塑膠類容器，不管是 PET、PP 或 PE，基本上耐化性都足以抵抗弱酸性的純露，但還是建議選擇深色或不透明的款式；而玻璃材質、鋁製材質也可以用來裝載純露，即使用玻璃瓶，也一樣建議採用茶色或深色的避光瓶，因為純露與精油一樣怕光，遇光容易讓精油與純露中的光敏性成分產生質變。

過濾

在純露萃取完成後，必須使用濾紙將純露過濾一次，許多細小的雜質是肉眼所看不見的，因此「過濾」這道程序絕對不能少，才能確保所得純露的品質。至於濾紙的選擇，我們可以選用實驗室用的濾紙或是未漂白的咖啡濾紙。

過濾工序示意圖。

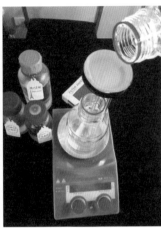

過濾工序示意圖。

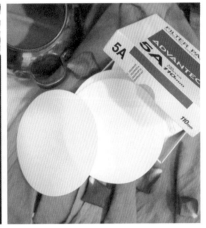

實驗室用的濾紙，盒子上的號碼表示對應的濾紙孔徑與過濾速度。

DIY 完成，在瓶上標示蒸餾植材名稱與日期。

瓶中為油水分離後收集到的茶樹精油。

2019/06/01 蒸餾完成的晚香玉純露，裝瓶保存。

純露 pH 值的檢測

純露的 pH 值[註]一定是呈現酸性狀態（pH 值常介於 4 ～ 6 之間），這也是一個用來辨別純露特性的數值；如果純露檢測出來的 pH 值不在酸性的範圍以內，就代表所含的成分有問題，也許是蒸餾中某個環節出了錯，又或許是純露的保存過程出現瑕疵。

註：「pH」值是正確的寫法，「ph」值與「PH」值這兩種都是錯誤的寫法。

對於 DIY 的讀者們，我們當然不可能購入價值數百萬台幣的氣相質譜儀來檢測自己 DIY 的產品，所以我們除了用自身的「感官」去評鑑 DIY 蒸餾出來的精油與純露，還有一個最科學的方式就是依靠「pH 值檢測」。

對於純露 pH 值的檢測，一般 DIY 蒸餾的讀者可以選用以下兩種方式，這兩種方式及其優缺點，分別敘述如下：

pH 計 / 酸鹼度計

pH 計是一種可以用來測量液體 pH 值的電子儀器，一般會由一台主機與一個玻璃電極兩個部件所組成，使用上就是將玻璃電極插入待測的溶液之中，然後就可以從主機的螢幕上判讀到該溶液的 pH 值。

使用這種電子式的酸鹼度計有幾個要注意的地方，也可以當成使用這類電子儀器的優缺點：

* pH 值的檢測精準，直接以數字的方式呈現，非常容易判讀。
* 操作與保養上需要較專業的技能，比方說檢測前一定要「三點校正」，玻璃電極的保存保養也有很多學問，否則很容易因為長期沒有使用或是電極頭的污染、保養不當，造成檢測的誤差，甚至無法使用的狀態。

- pH 計的品質與價格範圍落差很大，DIY 的讀者比較難挑選。這類精密的實驗室儀器，產品的品質就決定了你檢測出來的數據是否真的準確，這類商品網路上從 $2000 到 $20000 都有，一般 DIY 讀者很難判斷哪種才是最佳選擇。這些檢測分析的電子儀器絕對是「一分錢一分貨」，太便宜的 pH 計絕對不要買。
- 精密的電子儀器，保養維修都會比較花錢。特別是這類商品，除了原廠以外，你幾乎找不到可以維修或是更換零件的地方。

如果讀者真的有心想要投資購買這類 pH 計，建議先上網做做功課，網路以及 Youtube 都有大量的影片及資料，教你如何正確的操作 pH 計，了解該如何操作後，再挑選品牌以及找到正式代理的廠商購買，以免產品沒多久就成了「維修孤兒」。

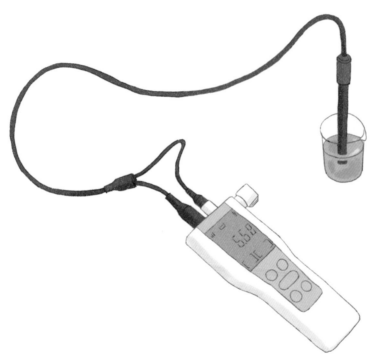

酸鹼度計測試示意圖。

pH 試紙 / 酸鹼試紙（推薦用法）

　　這類試紙可以藉由觀察試紙顏色的變化來判定檢測溶液的 pH 值，這是最為簡單便捷的方法，也是我推薦給讀者的方法。產品的優缺點與購買建議如下：

- 這類試紙是靠「顏色」來分辨測得的酸鹼度，有時候試紙顏色的變化與樣本顏色在比對上比較模糊而難以判斷，精準度比較差。
- 一般大家常用、常見的 pH 試紙，它的檢測範圍在 pH 值 1 ～ 14 之間。這類試紙售價比較便宜，用來檢測純露的 pH 值並沒有問題，只是它的測量精度會比較差。（如下方圖左）。
- 在這個單元中，推薦給讀者使用一款測量精度比較高，測量結果也較為精準的試紙與它的用法（如下方圖右）。

　　這類精密試紙，它所檢測的範圍比較小，如產品型號為 MR 的試紙，它的檢測範圍在 pH 5.4 ～ 7.0 之間，型號 BCG 檢測的範圍在 pH 4.0 ～ 5.6 之間，型號 PP 的檢測範圍則是 pH 3.4 ～ 6.4 之間。

　　建議讀者可以購買幾本不同型號的精密試紙，讓它的檢測範圍可以涵蓋純露最常出現 pH 值的範圍，然後替換使用不同型號的試紙，就能較精準的判讀待測純露 pH 值。

　　舉例來說，純露一定呈現酸性，所以只要準備兩款測量酸性範圍的試紙，如型號 BCP pH 5.6 ～ 7.2 以及 BCG pH 4.0 ～ 5.6 這兩款。

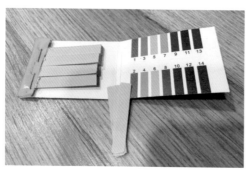

一般最常見的 pH 試紙，測量範圍 pH 1 ～ 14，售價非常便宜但準確性較差。

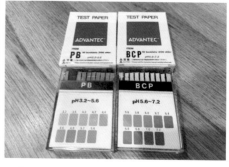

日本 TOYO 的 pH 試紙，不同的型號可測的 pH 值範圍不同，比一般試紙的測量精度高

當我先用型號 BCP pH 5.6 ～ 7.2 去測量純露時，發現試紙顯示顏色與試紙樣品顏色比對之下，對應的 pH 值是最低的 5.6 時，因為待測的純露有可能 pH 值會比 5.6 還要低，所以要再用型號 BCG pH 4.0 ～ 5.6 對純露再進行一次測試，看它呈現的顏色所對應的 pH 值是多少。一般而言，使用這兩款型號的試紙就可以精準檢測 pH 4.0 ～ 7.2 這個酸鹼度的區間了。

產品		編號	pH 測量範圍
CR	Cresol red	07010010	0.4 ~ 2.0 , 7.2~8.8
TB	Thymol blue	07010020	1.4 ~ 3.0 , 8.0~9.6
BPB	Bromophenol blue	07010030	2.8 ~ 4.4
PB	Phenol blue	07010090	3.2 ~ 5.6
PP	Phenol purple	07010130	3.4 ~ 6.4
BCG	Bromocresol green	07010040	4.0 ~ 5.6
CPR	Chlorophenol red	07010100	5.0 ~ 6.6
MR	Methyl red	07010050	5.4 ~ 7.0
BCP	Bromocresol purple	07010140	5.6 ~ 7.2
BTB	Bromothymol blue	07010060	6.2 ~ 7.8
PR	Phenol red	07010150	0.0 ~ 1.6 , 66 ~ 8.2
AZY	Alizarin yellow	07010070	10.0 ~ 12.0
ALB	Alkali blue	07010080	11.0 ~ 13.6
UNIV	Universal	07010120	1.0 ~ 11.0
No.20	MR & BTB	07010110	5.0 ~ 8.0

日本 TOYO 試紙的產品型號與對應的 pH 測量範圍

pH 試紙的用法

1. 取少量待測的純露，然後將 pH 試紙的一端浸入待測純露中，等待 1、2 秒鐘然後取出，或是用滴管吸取、玻璃棒沾取少量待測純露滴到 pH 試紙上，然後等待試紙的顏色產生變化。

2. 將顏色發生變化的試紙與 pH 試紙的顏色比對卡進行比對，就可測得純露的 pH 值。

1-9 純露的保存與香氣的改變

陳化（maturation）

若你剛開始接觸純露蒸餾，有時候會發現蒸餾出來的純露，香氣跟植材本身有很大的差異又或是香氣很「嗆」、很「不好聞」，請你先不要把它倒掉，先儲藏一小段時間後，再去聞聞它的香氣，也許你會發現它有了很大的改變。

我們以中文名詞「陳化」，來討論其作用機制與原理。

低沸點成分揮發

蒸餾出來的純露在保存容器中，隨著存放時間增加，純露中沸點比較低的成分，容易揮發逸散到容器上方的空間之中。

低沸點的組分慢慢揮發，整體純露中的組分因此起了細微的變化，各組分的含量改變，也就造成了整體氣味、活性成分的改變。

若是使用上方保留較大氣體空間的容器，會讓低揮發的組分擁有較大的逸散空間，對於此項作用就會有較大的影響。舉例來說，純露只裝 5 分滿，會比裝載 9 分滿的揮發影響更大（上方空間相對較大）；在儲存的階段，可定期將上蓋打開，讓蒸餾時接收到的低沸點、揮發性較高的組分揮發到大氣，也有助於氣味陳化這個作用。

溶解氧的氧化作用

純露中除了各組分的活性成分之外，絕大部分都是「水」，而精油則幾乎不含水，所以此項「溶解氧的氧化作用」對純露的影響就明顯要比精油的影響大。

接著，我們就來簡單解釋「溶氧量」的特性。

1. 水的溫度

　　飽和溶氧量隨著水溫的上升而下降，所以將純露放置在溫度較低的地方保存（陰涼處、冰箱），能夠讓純露中保持有較高的飽和溶氧量，也就相對讓「溶解氧的氧化作用」有比較大的影響力。所以我們一直建議學員把蒸餾好的純露放置在冰箱中保存，除了增長保存期限之外，也有一部分是因為此作用的緣故。

2. 雜質

　　水中含有大量雜質時，其飽和溶氧量會下降。純露中含有許多有機化合物，根據此一定律，純露中的飽和溶氧量會比純水來得少。但基本上，如果蒸餾工藝、工序及格，純露中除了應該有的活性成分外，應該不會有其他的無機物或雜質。所以雜質對於純露中溶氧量的影響，應該不大需要考慮。

酯化與水解的平衡

　　「醇」氧化成「醛」、「醛」氧化成「酸」、「酸」與「醇」又可以結合生成「酯」。這個部分的作用，逐漸發生在蒸餾出來的純露中，但是一般來說，純露並不會刻意長時間去保存，所以這部分作用的時間比較短。

　　但是，這幾種有機化合物間的相互轉化，絕對是純露存放一段時間後的香氣和剛蒸餾出來時有明顯不同的原因之一。此處藉酯化與水解的平衡對蒸餾後白酒的影響來解釋這個現象。

　　根據實驗，蒸餾新酒中的「酯」類含量，在儲存的第一年含量是逐漸增加，而「酸」的含量則是逐漸下降。這是因為在儲存初期，是以「酸」與「醇」合成生成「酯」的「酯化」反應為主。但隨著儲存的時間再增長，「酯」又會發生「水解反應」直到平衡，所以此反應的現象是一種「動態的平衡」。

儲存容器表面的影響

儲存容器的材質，也會對「陳化」過程產生不同的作用力度。

如果是用金屬容器儲存，則會產生有機酸與金屬容器表面的作用，另外也會有金屬離子的影響。我曾在花蓮酒廠看過把金箔放置在高粱酒中的「金箔酒」，酒廠的銷售人員解說，高粱酒中加入金箔，可以讓 3 年的酒品嚐起來像是 7 年的香氣與口感，這個就是金屬離子可以加速「陳化」過程的作用。

但是，畢竟我們要保存與討論的是純露，純露的保存時間不會像陳釀的白酒一樣，動輒 3 年到 30 年，另外，酒類含有大量的乙醇，基本上不太會有微生物、菌絲污染的問題，所以我們還是建議保存的容器，以易於清潔、滅菌為主，而關於容器表面對於「陳化」過程的影響，就了解一下它的原理即可。

基於以上幾個「陳化」過程的機理，也考量到器材器具的簡化，以下給予所有 DIY 製作純露者最佳的建議：

將蒸餾收集的純露，保存在 7 分滿的玻璃容器中，容器外壁可以用鋁箔紙包裹避光，放置在冰箱冷藏，每隔幾天到一週，打開上蓋來觀察一下氣味的變化，同時記錄下純露氣味改變的狀況。

根據我自身的經驗，有好多種純露在儲存一段時間後散發出來的香氣，遠比剛蒸餾出來時更令人驚艷。

陳化的時間要多久比較好？

蒸餾所得的純露，由於沒有添加任何能增加保存期限的成分，都會建議盡量在一年內將其使用完畢，不要保存太長的時間。

所以，陳化這個階段就不適合佔用掉太多「純露的壽命」。若是為了得到較好的香氣，陳化進行了 6 個月，那麼純露的最佳使用壽命就只剩下 6 個月。如果生產是為商業用途，必須再扣除包裝、運輸、銷售的時間，那麼可能在消費者買到的時候，就只剩下很短的保存期限了。

所以，陳化的時間與純露的壽命，兩者之間還是得有所權衡。（一個月的陳化時間，也許是比較恰當的時間。）

純露成品圖

CHAPTER 2

易於取得！
能萃取純露的
植物

Plants for Hydrosol

2-0 DIY 實作前要做的
第一個實驗

在上一個章節，我們閱讀到蒸餾的原理與要素，本章將會進入 DIY 蒸餾精油與純露的實作。

本章節 22 種植材的蒸餾操作，除了植材預處理的注意要點外，都會提到 2 個蒸餾要件：「植材的料液比例」和「蒸餾時間」。為了能更理解並且運用這兩個蒸餾技巧，在 DIY 蒸餾前，建議先進行以下第一個實驗操作。

實驗目的

每個人選擇的蒸餾器外型、設計各有不同，搭配的熱源也不一樣，這都會影響蒸餾時間、速度的控制，這個實驗的目的是讓讀者對自己使用的設備、能控制的範圍有初步了解，碰到本章蒸餾要件的運用，也就較能理解與運用。

實驗所需的器材

蒸餾器、最常使用的**加熱用熱源**（瓦斯爐、卡式瓦斯爐、電陶爐等）、**量筒**或**量杯**（具有刻度可以判讀容量的容器均可）、**計時器**。

實驗方法與步驟

1. 將自己使用的蒸餾器加入 6 ～ 8 分滿的蒸餾水或自來水（這個實驗單純只是要記錄一些數值，並不收取什麼產物，使用自來水也可以），然後搭配上自己使用的加熱熱源，冷凝循環的部分也設置好，將裝置設成準備蒸餾的樣態，接著在蒸餾出口放上量筒或是量杯，準備計算容量。
2. 將熱源的火力調整到最大，開始加熱。
3. 開始有水蒸餾出來時，按下計時器，時間設定為 20 分鐘，開始計時或倒數。

4. 當設定時間來到 20 分鐘時，立即將加熱的熱源關閉，同時立刻判讀容器裡蒸餾水的容量，再將加熱熱源火力控制的數值與蒸餾出來的蒸餾水容量記錄下來。

例如： 瓦斯爐火力開最大，20 分鐘蒸餾出來的蒸餾水容量為 300ml

　　　　電晶爐火力 1300W，20 分鐘蒸餾出來的蒸餾水容量為 300ml

5. 記錄好以上數值後，靜置 5 ～ 10 分鐘，讓蒸餾器中的水稍微降溫，可以觀察蒸餾器出口是否還有蒸餾水餾出，以判斷水是否還在沸騰；等到水不再沸騰（也就是沒有蒸餾水餾出後），將熱源火力調降到 1/2 的位置，如果使用電子式熱源，可以將加熱火力調降 1 至 2 個檔位，重新開始加熱。

6. 再度開始有蒸餾水餾出時，一樣按下計時器，時間設定一樣為 20 分鐘，開始計時或是倒數。

7. 當設定時間來到 20 分鐘時，立即將加熱的熱源關閉，同時立刻判讀容器裡蒸餾水的容量，再將加熱熱源火力控制的數值與蒸餾出來的蒸餾水容量記錄下來。

例如： 瓦斯爐火力為刻度的 1/2，20 分鐘蒸餾出來的蒸餾水容量為 250ml

　　　　電晶爐火力 800W，20 分鐘蒸餾出來的蒸餾水容量為 250ml

加熱火力 1300W 時，記錄 20 分鐘蒸餾出來的蒸餾水容量為 300ml。

加熱火力 400W 時，記錄 20 分鐘蒸餾出來的蒸餾水容量為 200ml。

卡式瓦斯爐火力控制在中火位置，記錄 20 分鐘蒸餾出來的蒸餾水容量為 250ml。

8. 記錄好以上數值後，同樣靜置 5 ～ 10 分鐘，讓蒸餾器中的水稍微降溫，觀察沒有蒸餾水餾出後，將加熱熱源的火力調降到 1/4 的位置，如果使用電子式熱源，可以將加熱火力再調降 1 至 2 個檔位，重新開始加熱。

9. 再度開始有蒸餾水餾出時，一樣按下計時器，時間設定一樣為 20 分鐘，開始計時或是倒數。

10. 當設定時間來到 20 分鐘時，立即將加熱的熱源關閉，同時立刻判讀容器裡蒸餾水的容量，再將加熱熱源火力控制的數值與蒸餾出來的蒸餾水容量記錄下來。

例如： 瓦斯爐火力在 1/4 刻度時，20 分鐘蒸餾出來的蒸餾水容量為 200ml

電晶爐火力 400W 時，20 分鐘蒸餾出來的蒸餾水容量為 200ml

11. 記錄好以上三個加熱火力與蒸餾水量的數值後，實驗結束。

實驗數值的意義與運用

做完這個簡單實驗後，可以了解自己使用的蒸餾器與搭配的加熱熱源，在不同火力控制刻度時，每小時所能蒸餾出來的量是多少。

如果在火力全開的狀況下，20 分鐘蒸餾出來的量是 300ml，那麼一小時蒸餾出來的量就是 300ml ×（60 分鐘 / 20 分鐘）＝ 900ml，也就表示你的蒸餾器搭配上這個加熱熱源，最高的蒸餾速度是每個小時 900ml；火力控制在 1 / 2 刻度時，蒸餾速度是 750ml / hr；火力控制在 1 / 4 刻度時，蒸餾速度是 600ml / hr。

當然，除了 1/2 以及 1/4 這兩個建議刻度以外，也可以多實驗幾個不同的控制刻度，對於將來在蒸餾要件的控制上會越精準。

在了解自有蒸餾器與加熱熱源能夠控制的蒸餾速度後，該怎麼將「蒸餾時間」帶進去運用呢？

例如：蒸餾玫瑰花所建議的料液比是 1：4，蒸餾時間建議為 180 ～ 240 分鐘。

如果這次要蒸餾的玫瑰花總重爲 300g，
蒸餾水的添加量是 300×4（建議的料液比）＝ 1200ml。

建議的蒸餾時間假設為 180 分鐘，
也就表示蒸餾速度要控制在 1200ml / 3 小時 ＝ 400ml / hr。

把以上實驗所得的數值套進來運用，就要將火力控制的位置放在比 1/4 刻度（每小時 600ml）還要低一點的位置，才可以符合最佳的蒸餾時間。

　也就是說，如果蒸餾火力全開，蒸餾速度將達到 900ml / hr，加入 1200ml 的蒸餾水，將會在短短 1 個小時又 20 分鐘就蒸餾完畢了，無法達到建議蒸餾時間，這時候蒸餾出來的精油與純露，不管品質或是收率，都會大打折扣。所以，在蒸餾植材前，先了解蒸餾器與火源搭配在不同刻度時的蒸餾速度，就能輕鬆將蒸餾時間控制在建議範圍內，以得到最佳的蒸餾品質與精油萃取收率。

＊ 記錄不同刻度對應的蒸餾速度後，便能輕易運用本章建議的蒸餾時間，只要算出每小時要蒸餾出多少 ml，查看一下紀錄，找到對應的火力控制刻度，再把火力控制在合適刻度即可。
＊ 一般來說，同樣的蒸餾器使用瓦斯爐的最高蒸餾速度會比使用電陶爐更快，因為瓦斯所提供的熱能比較大，蒸餾速度相對會變快。
＊ 植材料液比例的多少與蒸餾時間的長短、蒸餾速度的控制，都與讀者自身所使用的蒸餾器設計與加熱方式的火力控制有絕對的關係，建議仔細閱讀 P.73 的蒸餾原理單元，內有關於蒸餾要件控制的解說。

Tea
Tree

2-1
澳洲茶樹

> 學名 / *Melaleuca alternifolia*
> 採收季節 / 一年四季
> 植材來源 / 淡水亦宸農場、綠之苑有機生態農莊
> 萃取部位 / 枝、葉

_ 澳洲茶樹又名互葉白千層、澳洲白千層，屬桃金孃科 Myrtaceae 白千層屬 Melaleuca 植物，原產地在澳洲的新南威爾斯北部與澳洲東部的昆士蘭，是澳大利亞著名的芳香植物樹種。

_ 從澳洲茶樹的莖、葉提取出來的精油，就是澳洲茶樹精油，它有多種的藥理活性，也被廣泛應用在醫療、日用化妝品、水果保鮮、香料等不同的領域。

_ 澳洲茶樹在臺灣也有廣泛的種植，它很適合臺灣的氣候環境，許多花草農場也都有一定規模的栽種面積，並且自行蒸餾精油與純露。對於有興趣蒸餾精油、純露的讀者，澳洲茶樹植材的取得非常容易，有機會也可以親自到農場參觀相關的蒸餾設備與工藝，是一個非常適合蒸餾初學者的植材。

盛開的澳洲茶樹。

淡水亦宸農場的澳洲茶樹，採用自然栽種法，不使用任何農藥。

小分享

澳洲茶樹又稱互葉白千層，原本是澳洲的特有種，近 10 多年來在臺灣已經很普遍的馴化種植，澳洲茶樹具備許多抑菌功效，而且容易種植，同時可作為景觀用樹，因此在臺灣的許多農場都有種植澳洲茶樹。

這次前往淡水一位學員的小農場，她種植了數十棵澳洲茶樹，據她說明，種下這些茶樹已經有幾年的時間，周邊並無種植其他農作物，因此沒有噴灑農藥的需求。她提供新鮮澳洲茶樹的販售，採用一般寄送方式植材仍可保持新鮮，這點在植材的運送上相對方便許多。

澳洲茶樹純露功能相當多，尤其適合作為居家常備的一款純露，對於脂漏性頭皮癢有顯著的功效，許多學員使用後都有不錯的感受，搭配迷迭香純露調和使用效果更佳。我也將其用於寵物狗的皮膚上，作為抗菌除味之用。

在醫學的應用上，澳洲茶樹精油具有很好的生物活性，被廣泛應用於預防和治療婦科感染、口腔念珠菌病、癬、皰疹、頭皮屑等症狀。同時也被用於昆蟲叮咬、擦傷、燒傷及其他創傷傷口的使用。

澳洲茶樹純露是我在生活中使用最多的一款純露，舉凡地板、浴室清潔、添加在衣物清洗中或製成止癢的頭皮噴霧，使用上非常多元，是一款便宜又好用的純露。

澳洲茶樹 植材預處理

我們先了解一下關於澳洲茶樹精油品質的國際標準（ISO 4730-2004），其中規定了松油烯 -4- 醇（Terpinen 4-ol）的含量不可以低於 30%，1,8- 桉葉素（1,8-cineole）的含量不可高於 15%；歐洲標準（AS 2782-1976）則規定松油烯 -4- 醇的含量不可以低於 35%，1,8- 桉葉素的含量不可高於 10%。

松油烯 -4- 醇有紫丁香的柔和香氣，有廣效的殺菌抑菌作用，是目前國際上對於茶樹精油的主要利用成分，1,8- 桉葉素則是茶樹精油刺激性氣味的來源，會影響精油的香氣。

所以，茶樹精油的品質好壞就是以這兩種化合物的含量多少來分辨，松油烯 -4- 醇的含量越高越好，而 1,8- 桉葉素因為會對皮膚及氣管產生刺激，所以含量越低越好。關於澳洲茶樹精油預處理及萃取工藝的研究，也都是以增加萃取收率以及這兩個指標化合物的含量作為研究目標。

澳洲茶樹適合採收的月分，以每年的 9 月到次年的 2 月之間含油率最高，同時採收的間隔時間最好在五個月以上，採收的間隔時間在五個月以下時，松油烯 -4- 醇的含量有未達國際標準的疑慮。

新鮮採收回來的澳洲茶樹，淺綠色的是新生較嫩的枝葉。

澳洲茶樹預處理，剔除茶樹的主幹，並將枝葉剪成小段狀。

澳洲茶樹到底要採摘什麼部位？一般我們採收澳洲茶樹時，不會只取其葉子，而是包含葉片、枝條或是直接從主幹部截斷，其實這些部位中的含油率與精油成分也有差異，老葉的含油量最高（1.89%），再來是嫩葉部位（1.52%）和細枝條（1.48%），最後才是主幹（0.39%）。

而各部位的精油中攸關品質的松油烯 -4- 醇含量也有差異，嫩葉（33.7%）、老葉（40.1%）、枝條（31.3%）和主幹（15.6%）；而 1,8- 桉葉素的含量，則在這幾個部位的精油中沒有明顯差異，大約都在 1.3% 以下。

所以，我們採收澳洲茶樹時，應該選取老葉為最佳、嫩葉次之、再來才是細枝條。作為蒸餾原料時，主幹部分不要使用，才能獲得較高的得油率和較佳的精油品質。

澳洲茶樹採收後，應盡快蒸餾完畢，因為乾燥後的澳洲茶樹，在含油率以及品質成分上都有降低的趨勢，如果非得要先保存，建議用陰乾的方式，不要使用陽光曝曬的方式。

收集下來的茶樹嫩葉、老葉和枝條，我們就把它剪成 3 ～ 5 公分的小段，粉碎的顆粒越小，越能夠增加蒸餾的效率和得油率。

剪成小段後，我們還可以進行浸泡工序，這個工序對茶樹精油的萃取收率也有幫助，建議的浸泡時間是 6 小時，再延長浸泡時間對於萃取收率沒有影響。

澳洲茶樹蒸餾前準備。

茶樹精油純露蒸餾準備中。

澳洲茶樹 蒸餾要件

植材的料液比 = 1：6～1：8

蒸餾澳洲茶樹精油與純露建議的料液比例為 1：6～1：8。如果有進行浸泡的工序，注意粉碎顆粒的大小與浸泡時加水量的關係，盡量不要超過 1：8 這個建議值，如果到達建議值仍無法有效覆蓋植材，可以再將顆粒剪小一點。

例 料：茶樹細枝、葉 200g
液：蒸餾水 1200ml～1600ml

蒸餾的時間 = 120 分鐘～150 分鐘

蒸餾澳洲茶樹，建議將蒸餾時間控制在 150 分鐘以內。在蒸餾的前 30 分鐘，蒸餾出來的松油烯 -4- 醇含量最高（約 40%），蒸餾時間在 120 分鐘之內，精油的萃取收率已經接近 98%，在 120～150 分鐘這個區間，相對的精油收率只佔整體

預處理完畢的澳洲茶樹枝葉，準備裝入蒸餾器。

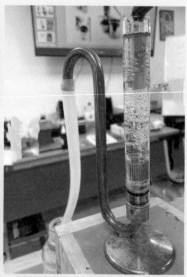

油水分離器中清晰可見的澳洲茶樹精油。這次課程的澳洲茶樹取材自苗栗，精油顏色明顯比較深。

的 2%，並且這個時段所蒸餾出來的松油烯 -4-醇含量已經降到 12% 左右，低於澳洲茶樹精油的國際標準，所以這個時段蒸餾出來的精油與純露，反而會拉低有效成分的飽和度，降低整體品質。所以，蒸餾澳洲茶樹精油與純露，建議把時間控制在 120 分鐘左右。

蒸餾注意事項

a. 澳洲茶樹精油為淡黃色到黃褐色，比重比水輕，可以使用「輕型」的油水分離器。蒸餾澳洲茶樹可明顯觀察並收集到精油層，所以建議使用油水分離器或採用長頸容器以利後續的油水分離。

b. 澳洲茶樹是很適合蒸餾新手的植材，它的得油率高，容易觀察到精油層，可以操作後續的油水分離，蒸餾工藝對產物的影響不太大，容錯率比較高，蒸餾的時間也短。

c. 澳洲茶樹精油的蒸餾，是少數在高壓環境、較高的加熱環境下對蒸餾產物品質有正面影響的植材，所以蒸餾澳洲茶樹的蒸餾器，可選擇性也比較高，回流比高的蒸餾器對產物的影響也不大。

d. 植材料液比例的多少與蒸餾時間的長短、蒸餾速度的控制，都與讀者自身所使用的蒸餾器設計與加熱方式的火力控制有絕對的關係，建議仔細閱讀 P.73 的蒸餾原理單元，內有關於蒸餾要件控制的解說。

澳洲茶樹・精油主要成分（水蒸氣蒸餾法萃取）

桉葉油醇 /1,8-Cineole	6.05%
γ- 松油烯 /γ-Terpinene	17.94%
松油烯 -4- 醇 /Terpinen 4-ol	34.61%
α- 松油醇 /α-Terpineol	3.50%
萜品油烯〔異松油烯〕/Terpinolene	3.63%
α- 松油烯 /α-Terpinene	9.08%
香橙烯 /Aromadendrene	1.64%
α- 蒎烯 /α-Pinene	2.02%

澳洲茶樹・純露主要成分（水蒸氣蒸餾法萃取）

1,8- 桉葉素 /1,8-Cineole	26.30%
γ- 松油烯 /γ-Terpinene	0.11%
松油烯 -4- 醇 /Terpinen 4-ol	67.25%
α- 松油醇 /α-Terpineol	3.29%
萜品油烯〔異松油烯〕/Terpinolene	0.02%
α- 松油烯 /α-Terpinene	0.94%
香橙烯 /Aromadendrene	0.41%
α- 蒎烯 /α-Pinene	0.17%

植材
資訊

新北市淡水亦宸農場
新北市淡水區忠愛街
0972-311-349

綠之苑有機生態農莊
新竹縣新埔鎮旱北路 418 巷 7-1 號
0966-765-024 / 03-589-4747

Indigenous
Cinnamon

2-2 臺灣土肉桂

學名 / *Cinnamomum osmophloeum*
採收季節 / 全年（7 月到 9 月較佳）
植材來源 / 新北市新店區
萃取部位 / 葉

臺灣土肉桂植株最高可以到達 20 公尺。

_ 臺灣土肉桂是樟科 Lauraceae 樟屬 Cinnamomum 的植物，常見的別名有：臺灣肉桂、山肉桂、假肉桂、臺灣土玉桂，屬於臺灣原生特有種闊葉喬木，分布在全臺灣的低海拔地區。花蓮鳳林種植了大約三萬棵臺灣土肉桂，採有機栽種，應該是臺灣最大的土肉桂種植產區。

_ 一般作為香料與藥材使用的肉桂 Cinnamon，是多種樟屬肉桂植物樹皮的通稱，而肉桂主要的化學成分就是揮發性的精油，而精油中的主要成分為肉桂醛（桂皮醛），肉桂醛具有怡人的香氣，也具有抗菌、抗白蟻、降尿酸、抗發炎、抗氧化、降血糖、降血脂、美白等生物活性的能力，所以廣泛被應用於食品、飲品、香水的產業領域，大家最熟悉的「可口可樂」就有取材自肉桂的添加劑。

_ 臺灣土肉桂在 70、80 年代，就被發現其肉桂醛以及其他次要成分的含量不輸於其它品種的肉桂，重要的是，臺灣土肉桂揮發性成分含量最高的地方在「枝葉」，不像其他品種存在於「樹皮」，所以更增加了臺灣土肉桂的利用價值。當我們要取其精油的時候，只要採收枝葉來進行蒸餾即可，不需要大費周章去砍伐樹木取其樹皮。

_ 臺灣土肉桂是臺灣的原生種，在國內對它在各個領域的應用都有很多的研究報告，也發現越來越多的功效，如果想進一步了解這個屬於寶島的珍貴植物，不妨多搜尋一些相關資料來閱讀，一定會對如何應用蒸餾出來的精油與純露有更深入的想法。

臺灣土肉桂葉子的特寫。

新鮮的土肉桂葉，其特殊香氣似乎沒有乾燥後那麼明顯。

乾燥後的土肉桂葉，肉桂香氣很濃郁。

小分享

　　鄰居家裡的肉桂葉是串門子所獲得的禮物，事實上我與肉桂是無緣的，以往在咖啡店裡點上一杯卡布奇諾，咖啡上都會灑一些肉桂粉或放上一小枝肉桂，從此之後我就不再喝卡布奇諾，因為我實在對肉桂的味道無法接受。

　　氣味好惡很主觀，有些人就非常喜愛肉桂，還會要求咖啡上肉桂要灑多一些呢！新鮮肉桂葉聞起來沒什麼味道，乾燥後的肉桂葉氣味就比較明顯。準備蒸餾前，將葉片剪碎時，這獨一無二的特殊氣味會馬上揮發、飄散在空氣裡，帶有一些辛辣、刺鼻，可能也是因為這辛辣感，在料理上可去除魚、肉腥味。

　　肉桂純露是不錯的一種料理型純露，讀者可嘗試將肉桂純露噴灑在蒸煮的魚、肉類上，或是在咖啡裡噴灑一些肉桂純露。據文獻顯示，肉桂對於女性的生理期疼痛具緩解功效，可在月經前以 100cc 的肉桂純露加上 5～10 克的紅糖製作茶飲，於一日內喝完，作為經期前養身用，肉桂純露在食療上是一款非常實用的選項。

臺灣土肉桂 植材預處理

肉桂的枝、葉和樹皮都富含精油，皆可作為蒸餾肉桂精油與純露的原料，而肉桂葉的精油萃取收率，要比樹皮的萃取收率大概多五倍，所以我們選擇以萃取收率較高的肉桂葉來作為蒸餾的原料。

臺灣土肉桂的精油含量與揮發性成分，也會隨著季節的變遷有所改變，而最佳採收時節為每年的 7 月到 9 月，這段時間裡採收的臺灣土肉桂葉所萃取的精油收率最高。我們可以在這個季節直接採摘新鮮的肉桂葉蒸餾，也可以採摘後將葉片乾燥保存後再蒸餾。

乾燥肉桂葉的方式可以使用下列幾種方法，不同的乾燥方式也會影響乾燥後肉桂葉的香氣與外觀：

1. 除濕機或自然陰乾

可放置在室內小空間，以除濕機進行乾燥或置於室內通風處自然陰乾，用這個方式乾燥的土肉桂葉無論是葉片顏色、氣味都是最佳的，當然，蒸餾出來的產物在品質上也是最好的。

但缺點是，家用除濕機乾燥速度比較慢，也需要耗費大量的除濕機電能；不使用除濕機，也可以將待乾燥的肉桂葉放置在室內或曬不到陽光的位置，慢慢陰乾，這樣的乾燥方式是乾燥速度最慢的。

2. 熱風乾燥

使用 40℃～ 50℃左右的熱風進行乾燥。一般家用電器中，能滿足這個條件的就是「蔬果乾燥機」或「可以定溫的家用烤箱」，網上也有人分享使用「微波爐」進行乾燥的方法。凡是

將乾燥土肉桂葉剪成小片狀，如果用粉碎機粉碎，效果與效率都會更好。

將土肉桂剪成較小的顆粒後，先進行 2 小時以上的浸泡。

運用加熱的方式進行乾燥，都要注意溫度控制，溫度高，揮發性成分散失速度相對增加，對植材活性成分的破壞越大。

3. 日光下曝曬

將採摘的肉桂葉平鋪在陽光下曝曬是最簡單的方式，只是相對所得的產物，在感官上的評測是三個方式中品質墊後的。

以「新鮮肉桂葉」蒸餾萃取的精油與純露品質會比較好嗎？在相關 GC-MS 分析的文獻記載中，新鮮與乾燥的肉桂葉其揮發性成分並無太大的差異與影響。所以，大家可以直接採摘或購買新鮮肉桂葉來蒸餾；如果要選擇乾燥後的肉桂葉，那麼就先考量其乾燥方式與保存時間，作為選擇或購買的判斷依據。

選定肉桂葉作為蒸餾部分後，如果是採用新鮮肉桂葉，因水分含量較多、葉片較為柔軟，可以直接塞入蒸餾器中蒸餾，當然也可以剪成合適的小段進行蒸餾。

若採用乾燥後的肉桂葉，由於葉片乾燥後變硬，比較容易將之剪成小片狀，加大蒸餾時的整體接觸面積。我們可以依照個人所擁有的器材（剪刀、粉碎機），將乾燥後的肉桂葉處理成較小的顆粒來蒸餾。

將乾燥肉桂葉處理成較小顆粒後，可先浸泡 2 小時以上，浸泡目的在使植物細胞之間充分吸附水分，讓細胞間的間隙加大，以利於蒸餾時加熱的熱能更快速、更均勻的傳導到植物細胞上，獲得較高的萃取回收率。

將浸泡過後的蒸餾水倒入蒸餾器中，作為蒸氣的來源，別把浸泡後的蒸餾水倒掉喔！

浸泡過的水作為蒸氣來源，完全濕潤的土肉桂葉置於銅鍋上層，採用「水上蒸餾」的方式；如果採用「共水蒸餾」的方式，直接將浸泡後的植材與蒸餾水移入蒸餾器中即可。

臺灣土肉桂 蒸餾要件

植材的料液比＝ 1：6 ～ 1：10

肉桂精油含油率、萃取收率都比較高，也受到預處理需要浸泡的影響，所以我們可以選擇添加較多的水進行蒸餾。

乾燥的肉桂葉在浸泡時，液面必須完全覆蓋過處理後的肉桂葉，所以會需要添加較多的水。另外，葉片預處理後的顆粒大小，可能也會影響添加水分的多寡，沒有剪碎或顆粒較大的葉片，需要添加更多水分才能完全覆蓋過。所以，在計算液料比例的時候，盡可能按照上面所述的比例去添加，不要超過最大的比例（1：10）太多。

如果使用新鮮肉桂葉，不需要浸泡這個工序，可以選擇較小的液料比例去進行蒸餾（1：6 ～ 1：8）。

例 料：土肉桂葉 200g
液：蒸餾水 1200ml ～ 2000ml

蒸餾的時間＝ 90 分鐘～ 120 分鐘

依據文獻記載，蒸餾肉桂精油時，當蒸餾中其他要件均相同，蒸餾時間呈現出此特性——蒸餾前 60 分鐘精油獲得的速度較快，蒸餾時間 60 ～ 90 分鐘時，精油獲得的速度變慢，而到了 90 ～ 120 分鐘後，精油的獲取率基本上沒有變化。

蒸餾 60 分鐘得油率大約在 3.88%，把蒸餾時間延長到 120 分鐘時，得油率變成 3.90%（蒸餾時間延長了 60 分鐘，精油收取率卻只些微上升 0.02%），依據這個特性，我們可以把蒸餾的時間盡量縮短在 120 分鐘，以節省時間成本與燃料成本。

阿格塔斯 PLUS 款蒸餾臺灣土肉桂。

臺灣土肉桂純露餾出，很明顯呈現混濁狀。

　　文獻中記載的肉桂，其產地、採收季節都與我們實際使用的肉桂不盡相同，所以，蒸餾萃取精油的得油率並不會相同。如果發現 DIY 精油的得油率與文獻上記載的有落差，屬於正常的現象。一般 DIY 的精油萃取率都會比文獻中記載的更低。

蒸餾注意事項

肉桂精油的比重與水的比重非常接近（1.046～1.059 g/cm³），只比水的比重大了一點點，所以在蒸餾過程中，有幾點需要注意：

a. 若需使用油水分離器，請選擇比重比水大的「重型」油水分離器，其與一般常見比重比水輕的「輕型」油水分離器結構上並不相同，在選擇上要特別注意，選擇錯誤就無法有效達到油水分離的效果。

b. 肉桂精油的比重雖然比水重，但兩者間的差距非常微小，且土肉桂精油中含有大量的肉桂醛，肉桂醛可以微溶於水，再加上蒸餾時上升蒸氣的影響，會使得蒸餾出來的肉桂精油呈現嚴重的油水混溶與乳化狀態。
　　觀察蒸餾出來的純露，會呈現非常混濁的乳白色，與我們在蒸餾其他植材時的清澈、油水自然分離的情況有很大的不同。初次蒸餾觀察到這個現象時，不要認為是植材出現問題或質疑自己在某個操作犯了錯誤，觀察到這個現象是完全正常的。

c. 可運用「微波輔助」增加精油萃取效率。

d. 土肉桂的精油萃取收率，依據產區、季節、蒸餾工藝的不同，大約在 0.4%～2.1% 之間。

臺灣土肉桂蒸餾後・處理小提醒

蒸餾出來的肉桂精油與純露，呈現混濁的乳白色，這個時候不要急著分離精油與純露，可以先將蒸餾產物置於冰箱冷藏 2～3 天，再觀察，就能發現肉桂精油已沉到容器底部，純露也恢復了清澈的狀況，這時候才適合進行油水分離的操作。

沉在容器底部的肉桂精油如果非常難以取出，可以加入少量「臺糖 95% 酒精」到容器內，稍微稀釋沉在瓶底的肉桂精油，使它的流動性增加，更容易取出，然後再將稀釋後的 95% 乙醇與肉桂精油混合溶液，隔水加熱或靜置在室溫中，讓 95% 的乙醇慢慢揮發，即可獲得肉桂精油。

  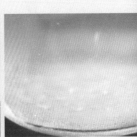

剛蒸餾出來的土肉桂精油與純露，呈現白色混濁狀，屬於正常現象。

蒸餾完畢後放置在冰箱大約 2～3 天，土肉桂純露就會恢復澄清的狀態。

比重比水重的土肉桂精油，靜置 2～3 天後漸漸沉到容器底部，純露倒出後，可用 95% 乙醇將它溶解取出。

臺灣土肉桂葉・精油主要成分（水蒸氣蒸餾法萃取）

苯丙醛 /3-Phenylpropionaldehyde	8.30%
反式肉桂醛 /trans-Cinnamaldehyde	78.31%
苯甲醛 /Benzaldehyde	6.40%
左旋乙酸龍腦酯 /L-Bornyl acetate	1.38%
4- 烯丙基苯甲醚 /4-Allylanisole	1.69%
β- 石竹烯 /β-Caryophyllene	0.44%
丁香酚 /Eugenol	0.46%
檸檬烯 /Limonene	0.12%
石竹烯氧化物 /Caryophyllene oxide	0.25%
順式肉桂醛 /cis-Cinnamaldehyde	0.40%

植材資訊　Facebook 搜尋：寶貝香氛

Jasmine

2-3

茉莉花

學名 / *Jasminum sambac* (L.) Ait
別名 / 木梨花、三白、夜素馨
採收季節 / 每年 5 月到 10 月（7 月、8 月最佳）
植材來源 / 彰化縣花壇鄉
萃取部位 / 花朵

_茉莉花是木樨科 Oleaceae 素馨屬 Jasminum 多年生灌木植物，花香在開放的過程中不斷形成並釋放，是很典型的「氣質花」。

_茉莉花有兩大分類，大花茉莉（摩洛哥茉莉）*Jasminum officinale* 與小花茉莉（阿拉伯茉莉）*Jasminum sambac* (L.) Ait，我們比較常見到的是小花茉莉，小花茉莉又依據花瓣數量多寡，區分為單瓣茉莉、雙瓣茉莉或多瓣茉莉。

_**單瓣茉莉**植株較矮小，莖與枝條較細，所以有人稱之為「藤本茉莉」，花瓣只有單層，約 7～11 片，開花量大，它的香氣內斂柔和、清香持久，香氣整體品質優於雙瓣茉莉與多瓣茉莉，但因為對生長環境要求比較高，所以產量很少，價格也是雙瓣茉莉的好幾倍。

_**雙瓣茉莉**是茉莉中栽種面積最多最大的主要品種，植株高度約 1～1.5 米，莖與枝條比較粗且硬，雙瓣茉莉顧名思義，花瓣可以分為兩層，內層約 4～8 片，外層約 7～10 片，它的香氣濃郁飽滿，品質僅次於單瓣玫瑰，且抗環境能力強，耐寒、耐濕、易於栽種的特性，讓雙瓣茉莉成為產量最大的茉莉品種。

_**多瓣茉莉**的枝條有明顯的疣狀突起，花瓣可達 3、4 層之多，花朵開放時層次分明，我們常聽到的「虎頭茉莉」就是屬於這個類別。多瓣茉莉的花朵雖大但是香氣比較弱，香氣整體品質是三個品種裡的後段，比較不適合拿來製茶或萃取精油，屬於觀賞性質。

照片中左上的茉莉花盛開後已凋謝，最右邊為盛開期的茉莉花，這兩者都不適合採收。照片中間微開的茉莉花，才是最佳的採收狀態。

小分享

　　燻製花茶的產業中將鮮花分成「氣質花」與「體質花」，我發現這個特別的分類方法也很適合喜愛蒸餾花朵的我們。

　　「氣質花」是指鮮花中的香氣成分，是隨著花朵開放後才逐漸形成並且揮發出來的，也就是說，花朵要開放以後，才會漸漸吐露芬芳，還沒有開放的花蕾或已經盛開過久的花朵，因為香氣物質還沒有形成或香氣成分已經完全揮發殆盡，是沒有利用價值的。茉莉、蘭花都是屬於氣質花。

茉莉花的花蕾剛剛形成的模樣。

　　「體質花」則是指花朵的香氣成分可以儲存在花瓣之中，不論花朵是不是在綻放狀態下，它所含的香氣成分都還是能夠揮發出來，在運用這類體質花的時候，就比較不需要注意它是否處於綻放吐香的階段。玉蘭花是這類體質花的代表。

　　燻製花茶與蒸餾精油、純露一樣，都是要將鮮花最迷人的香氣萃取出來，這兩種鮮花分類的方式，可以提供蒸餾愛好者一個很好的概念，當我們要蒸餾鮮花時，先想一想它是屬於哪個種類就可以判斷採收鮮花時機以及該怎麼進行預處理。

茉莉花成熟期的花蕾。

　　光看文字的描述，對於「氣質花」與「體質花」在蒸餾時有什麼差異，可能比較難想像與理解，所以最好的方法還是 DIY 實作，只要你按照這個章節裡的程序，親自 DIY 蒸餾一次茉莉花，你一定會對這特殊的「氣質花」留下很深的印象。所以，茉莉花也是我非常推薦用來提升植材預處理技巧的植材，茉莉花花期開始時，千萬不要錯過喔！

盛開後的茉莉花，這個階段的茉莉花香氣已經漸漸變弱。

市面上販售的茉莉花精油絕大多數是用溶劑萃取的，使用水蒸餾來萃取茉莉花精油的非常非常少，也就是說，市場上茉莉花純露應該也是非常稀少！為什麼呢？答案就在茉莉花的香氣成分當中，「酯類」佔的比例很高（約 28% ～ 49%），酯類又是最容易受熱產生變化的成分，所以水蒸餾對茉莉花的香氣成分會有比較大的破壞，這也就是各級精油廠多數使用溶劑來萃取的原因。

我在實際蒸餾茉莉花前，也曾有這方面的疑慮，深怕蒸餾出來的純露，無法呈現出茉莉花的特徵香氣，但經過實作後發現，茉莉花純露的香氣與茉莉鮮花的香氣差距不大，仍然保有滿滿的特徵香氣，所以讀者們可以放心按照此章節的步驟，自行蒸餾有「花中之王」之稱、市場上又稀少的茉莉花純露。

2021/07/01 造訪彰化花壇茉莉花的故鄉，當天天氣晴朗，非常適合採收，中午時分，花農們仍頂著豔陽辛勤採收著茉莉花。

製作中的茉莉花茶，混合茶葉與茉莉花，讓茶葉自然吸附茉莉花釋放出來的香氣。最高等級的茉莉花茶要更換 10 次的茉莉鮮花。

茉莉花 植材預處理

茉莉花屬於「氣質花」，花不開是完全不香的，就算在成熟的茉莉花花蕾中，也完全不具有茉莉花特徵香氣成分，一定要等到花蕾開始綻放，才會在花朵中「酶」的作用下，將儲存在花蕾中可以轉化成香氣的原料，慢慢轉變成揮發性的香氣物質，漸漸揮發出來，這個時候我們才能夠萃取到茉莉花的香氣物質。

採收

茉莉花的花季在每年 5 月到 10 月之間，天氣越熱，花開得越多，香氣也越好。中華傳統文化中，對於大自然的觀察，把一年之中最熱的天氣稱為「三伏天」，而在這最熱的三伏天所綻放的茉莉花，稱之為「伏花」，是一年中茉莉花開放得最美麗的時間，也是香氣品質、強度都最好的時間。所以，採收茉莉花最佳的時間，就是在夏天最炎熱的 7、8 月間。

在燻製花茶的產業中，對於採收茉莉花也有所謂「三不採」的傳統原則，「雨後三天不採、上午不採、陰天不採」，這三個採收原則對照近代科學的文獻研究，也應證了傳統所傳承的智慧。

1. **「雨後三天不採」**：據文獻研究，雨天或雨季因為環境溼度高，氣溫也相對比晴天時來得低，以致茉莉花的水分含量太高，會減緩它綻放的時間，同時，釋放香氣的速度也會比較緩慢，香氣的品質不如晴天採收的茉莉花。

2. **「上午不採」**：茉莉花必須要等花朵綻放後，在「酶」的工作下，才能轉化出香氣物質並慢慢釋放出香氣。酶的生長活性就是茉莉花香不香的關鍵，當茉莉花還未採收下來時，酶生存工作所必需的水分，可以透過植株源源不斷的補充，不過一旦茉莉花離開植株後，酶所需要的水分，失去了來自植株的供應，只能靠花朵中內含的水分以及花瓣從空氣中吸收。如果在上午就進行採收，等到晚上茉莉花開始綻放的時間會太長，水分已經蒸發散失太多，不利於酶的活性，所以上午不適合採收。

茉莉花　植材預處理

3.「**陰天不採**」：原因大致跟雨天不採的情況類似，陰天沒有充足的陽光，環境溫度比較低，相對濕度太大，讓這個天氣狀態下的茉莉花香氣品質不如晴天來得好。

選材

該採收什麼花況下的茉莉花呢？先簡單將茉莉花的花期分為花蕾初期、花蕾成熟期、微開期、盛開期、盛開末期。

在這幾個花期的區分下，最適合採收的茉莉花是「微開期」的茉莉花，「花蕾初期」以及「花蕾成熟期」這兩個時期的茉莉花，完全沒有任何茉莉花的香氣，所以不適合採收，而「盛開期」的茉莉花由於已經完全綻放，花朵釋放香氣的高峰已經過了，其香氣物質含量隨著開放時間增長而減弱，所以也不適合採收。至於「盛開末期」的茉莉花已開始萎凋、香氣變弱，香氣成分有所改變，所以也不適合採收。

由左自右，花蕾初期、花蕾成熟期、微開期、盛開期、盛開末期。

有研究針對五種不同花期採收的茉莉花所萃取出來的精油進行成分分析，在五種花期中，分別鑑定出 7、25、27、23 和 16 種的化學成分，其中以「微開期」所含的 27 種成分最多，香氣品質也最好。所以，我們要蒸餾茉莉花精油或純露，最適合採收「微開期」的茉莉花。

實際造訪彰化花壇的茉莉花農場，觀察茉莉花採收的現況，發現因為採收需要大量人力與時間，所以「上午不採」這個指標比較窒礙難行，其他如「雨後三天不採」、「陰天不採」這兩個原則，也都是當地茉莉花農採收茉莉的基本原則。

彰化花壇的茉莉花農所採收的茉莉花，大多應用在燻製茉莉花茶。燻製花茶首重花朵原料的香氣品質，所以花農們在採收時，也都是採收香氣品質最佳的「微開期」花朵，因此跟當地花農採購茉莉花時，只要表明用途是蒸餾或燻製花茶，購買到的都會是微開期的茉莉花。

釋香

「微開期」的茉莉花採收下來後，會先進入大約 6 小時左右的休眠期，6 個小時後會開始陸續綻放，無論採收茉莉花的時間是在上午或下午，微開期的茉莉花一定會在採收的當天晚上綻放。

在等待茉莉花釋香這段時間，我們需要提供最合適「酶」生長與工作的環境給茉莉花。首先，將茉莉花平攤在室內的桌面或是竹篩網上，堆花的厚度不要太厚，因為花堆的溫度會逐漸上升，疊得越厚，溫度上升的幅度就會越大。

根據文獻研究，離開植株後的茉莉花釋香的最佳溫度是在 30℃～ 36℃之間，相對濕度則是 80% ～ 90%，花堆溫度不要超過 40℃。

所以，我們要盡量將環境的溫度、濕度都控制在這個範圍上下，花堆的溫度也要盡量保持在 40℃以內，如果察覺花堆的溫度過高，可以透過翻動來降溫。

茉莉花釋香時對於水分的需求也很敏感，相對濕度太低，不利於茉莉花的釋香，我們可以在茉莉花堆旁邊多擺放幾個表面積大的容器，將容器裝滿水，藉由容器中水分的蒸發來提高相對濕度。

茉莉花 植材預處理

1 / 2021/07/01 當天從彰化花壇購買回來的茉莉花，將它平攤在竹篩網上，花堆厚度大約 3～4 公分，室溫 30℃，相對濕度只有 64%，花堆溫度 35.1℃，靜靜等待茉莉花開始釋香。

2 / 花堆中的茉莉花花況，此時還沒有開始釋香，只有淡淡的青草香氣。

3 / 傍晚 6 點 22 分的花況，茉莉花已經開始微微綻放，開始釋香，貼近可以聞到茉莉花的特徵香氣。

4 / 傍晚 7 點 19 分，花堆溫度上升到 36.9℃，大部分的茉莉花都已經開始綻放釋香，屋裡的茉莉花香氣越來越濃。

5 / 傍晚 7 點 19 分時的花況，大部分茉莉花都已經開放釋香，香氣非常濃郁。

6 / 到達釋香高峰的茉莉花，進行蒸餾前最好先剔除會影響香氣品質的花萼及花梗。

7 / 拆除花萼及花梗的茉莉花，秤重準備進行蒸餾，蒸餾茉莉花強烈建議採用「水上蒸餾」的方式。

注意控制溫度、濕度這兩個要件後，接著，就是觀察與等待茉莉花開始綻放、釋出香氣了。茉莉花開始釋香時，非常容易觀察到花朵香氣的巨大變化，還沒有綻放的茉莉花，只能聞到淡淡青草香，幾乎沒有任何特徵香氣；而當茉莉花開始綻放時，透過酶的作用下形成香氣，你會聞到濃濃的茉莉花香開始釋放，整個室內空間會充滿非常濃郁的香氣。

觀察到茉莉花開始釋香時，還需要一點時間，讓酶有時間將儲存在花蕾中的香氣前驅物質慢慢轉化成香氣。最少等待 2～3 個小時，就可以開始篩選茉莉花，然後進行蒸餾。

根據文獻研究，開始釋香的茉莉花，會在 6 個小時內到達釋香的最高峰，接著 6 個小時，茉莉花依然會持續釋放香氣，但酶的活性與作用就會漸漸衰退，香氣也開始慢慢減弱，到了翌日早晨，茉莉花已經氣若游絲，能夠釋放的香氣也很微弱了。所以，茉莉花在開始釋香後的 6 個小時，就是進行蒸餾的最佳時機。

但是，依照茉莉花釋香的規律等待與蒸餾，蒸餾的最佳時間勢必會落在凌晨，凌晨蒸餾對於不是夜貓族的人來說，確實有點強人所難，但如果等待到翌日清晨再蒸餾，茉莉花又已經進入香氣衰退的狀態。所以我個人挑選的蒸餾時機，是在開始釋香的 2～3 個小時後，加上蒸餾所需的時間，應該可以在午夜 12 點左右完成，這是結合現實狀態下的妥協，讀者可以依據自己的體力與習慣來調整。

篩選

茉莉花到達釋香的階段後，就可以進行簡單的篩選，剔除掉沒有綻放、品相不佳的花蕾。對品質要求嚴格一點的，可以將茉莉花下方的花萼以及花梗拆除，這兩個部分都略帶青草味，會影響蒸餾後的香氣品質。這個人工拆花的過程非常考驗耐心，我一個人在一小時大概只能拆除約 600～700g 的茉莉花花萼及花梗。如果沒有那麼多的時間，直接蒸餾帶著花萼、花梗的茉莉花也可以。

茉莉花 植材預處理

保存

　　看完了預處理流程，不難發現茉莉花是一種必須在採收當天進行蒸餾的植材，一般花朵類冷藏、冷凍的保存方法對它都不適合。採收下來的茉莉花，若進行冷藏，會讓茉莉花的酶活性變低，讓它開始綻放釋香的時間延後；如果冷藏的時間過久，也有可能讓酶完全失去活性而無法轉化香氣。

　　研究文獻後的建議是冷藏時間不要超過 6 個小時，冷藏溫度在 15℃ 左右。我也對冷藏、冷凍茉莉花做過實驗，在此提供給讀者參考。彰化花壇花農採摘茉莉花的時間是在中午以前，取得花材後不封口常溫保存（為了有效通風及散熱），回到台北家中大約下午 3 點 30 分左右，接著將茉莉花分裝成 50g 兩袋，分別進行冷凍及冷藏保存，一直到隔天中午 12 點從冰箱中取出，置於常溫下，觀察花朵的開放以及釋香的狀況。

　　實驗的結果是，冷藏茉莉花取出時，仍保有淡淡的青草味，花況與氣味都與當日採收的鮮花一致，下午 2 點 30 分左右，茉莉花已經開始逐漸綻放釋香，香氣很濃郁，青草味也漸漸消失或被掩蓋，依釋香的狀況判斷，預計再等待 1 ～ 2 個小時，就可以開始蒸餾。

　　而冷凍保存的茉莉花，自始至終都維持採收時的花蕾原狀，完全不會綻放，當然也就完全沒有香氣釋放。根據實驗結果顯示，當天採摘的茉莉花先冷藏保存，是可以保存到隔天再進行蒸餾的。而冷凍保存則完全喪失取得茉莉花香氣的機會，失去茉莉花蒸餾的價值。所以讀者在購買茉莉花材時，可以採冷藏保存運送，冷藏的時間盡量越短越好，絕對不可以採用冷凍的方式保存茉莉花。

茉莉花保存方式的實驗

分別冷藏與冷凍 9 小時的茉莉花，中午 12 點取出置於常溫，於下午 2 點 46 分記錄的花況。左邊冷藏的茉莉花已經恢復活力，慢慢開放釋香；右邊為冷凍的茉莉花，完全無法綻放釋香。

冷藏 9 小時的茉莉花花況近拍。茉莉花仍然可以開放並釋香，香氣依然濃郁。

冷凍 9 小時的茉莉花花況近拍，完全無法綻放釋香，完全沒有茉莉花香。

茉莉花 蒸餾要件

植材的料液比＝1：4～1：5

茉莉花的香氣成分中，「酯類」的含量非常高，所以蒸餾茉莉花時強烈建議採用「水上蒸餾」的方式，「共水蒸餾」的方式會對不耐高溫煎熬的「酯類」有比較多的破壞，水上蒸餾的品質一定會優於共水蒸餾。

茉莉花花朵的精油含量在花朵類中其實不算低，但是一般 DIY 蒸餾的植材量，還是幾乎收集不到可以有效分層的精油量，所以茉莉花純露就變成了我們進行蒸餾的主要產物；它跟玫瑰純露一樣，都是特別注重香氣呈現的植材，建議添加的料液比例為 1：4～1：5，過高的料液比例可能造成接收的純露過多，香氣呈現不足的狀態。

例 料：茉莉花 200g
液：蒸餾水 800ml～1000ml

蒸餾的時間＝180 分鐘～240 分鐘

茉莉花的香氣成分中，「酯類」的含量非常高，酯類又是對熱相當敏感的化合物，所以在蒸餾茉莉花純露時，火力控制絕對不適合太大，盡量以比較

2021/07/01 茉莉花釋香後開始蒸餾，茉莉花 700g，蒸餾水 2100ml，料液比 1：4。蒸餾出前 700ml 的茉莉花純露，純露很混濁，充滿茉莉花精油混溶其中。

第二個接收容器，接收 250ml 茉莉花純露，變得較為清澈，其中混溶的精油已經比較少，但是純露的香氣仍然非常明顯。

第三個接收容器，收集 250ml 茉莉花純露，清澈度與前 250ml 類似，純露的狀態依然可見有精油混溶其中，香氣也很明顯。

緩和的火力加熱，讓蒸餾控制在比較慢的速度之下進行，所得到的純露品質一定會比較好。

　　採用不鏽鋼材質或是玻璃材質蒸餾器的讀者，由於蒸餾器材質的熱傳導性比較差，材質的表面會蓄積比較高的溫度，所以更要調低火力控制進行蒸餾，才能夠維持較佳的蒸餾品質。

　　文獻實驗表示，茉莉花精油萃取率在蒸餾 6 小時可以到達高峰（得油率 0.092%），超過 6 小時的蒸餾得油率不會增加。但是我還是要建議，6 個小時的蒸餾時間實在太長，可以縮短至 3 ～ 4 個小時；蒸餾 3 小時得油率約 0.058%，蒸餾 4 小時得油率為 0.072%，當然也可以將蒸餾時間拉長為最佳得油率的 6 個小時。

蒸餾注意事項

a. 茉莉花精油的比重約為 0.947 g/cm^3，比重比水輕，可以選擇「輕型」油水分離器。

b. 茉莉花的精油含量不算低，但是蒸餾的植材量不大時，還是不太容易收集到足夠分層的精油量，所以可以省略使用油水分離器。

c. 茉莉花精油的比重非常接近水的比重，再加上精油的含量也不低，所以接收的純露會呈現比較混濁的狀態。

d. 水蒸氣蒸餾法蒸餾茉莉花得油率約在 0.058% ～ 0.092% 之間。

e. 「共水蒸餾」加入 5% 的氯化鈉，可以提高一點茉莉花精油的出油率，使用「水上蒸餾」的方式則加入氯化鈉的效果會差一點。

茉莉花活體香氣・主要成分

成分	%
芳樟醇 /Linalool	38.47%
乙酸苯甲酯 /Benzyl acetate	16.64%
鄰氨基苯甲酸甲酯 /Methyl anthranilate	2.13%
吲哚 /Indole	1.03%
α- 金合歡烯 /α -Farnesene	14.46%
苯甲酸甲酯 /Methyl benzoate	1.18%
苯甲醇 /Benzyl Alcohol	1.67%
蓽澄茄油烯醇 /4-Epicubedol	4.93%

茉莉花・精油主要成分（水蒸餾法萃取）

成分	%
芳樟醇 /Linalool	27.26%
乙酸苯甲酯 /Benzyl acetate	32.10%
乙酸芳樟酯 /Linalyl acetate	6.24%
丙酸苯甲酯 /Benzyl Propionate	7.94%
鄰氨基苯甲酸甲酯 /Methyl anthranilate	5.16%
吲哚 / Indole	1.25%
苯甲酸甲酯 /Methyl benzoate	0.29%
苯甲醇 /Benzyl Alcohol	1.06%
苯甲酸苄酯 /Benzyl Benzoate	3.70%
香葉基香葉醇 /Geranylgeraniol	0.29%

茉莉花・精油主要成分（溶劑萃取）

成分	%
芳樟醇 /Linalool	9.76%
乙酸苯甲酯 /Benzyl acetate	10.16%
鄰氨基苯甲酸甲酯 /Methyl anthranilate	9.57%
吲哚 /Indole	0.34%
α- 金合歡烯 /α -Farnesene	13.50%
苯甲酸甲酯 /Methyl benzoate	0.23%
苯甲醇 /Benzyl Alcohol	5.05%
苯甲酸苄酯 /Benzyl Benzoate	2.48%
香葉基香葉醇 /Geranylgeraniol	15.07%
蓽澄茄油烯 /4-Epicubedol	5.56%

植材資訊	茉莉花的故鄉 彰化縣花壇鄉三春村彰員路一段 439 號 04-787-9750、04-786-2241

White
Champaca

2-4

白蘭花

學名 / *Michelia alba* 、*Magnolia alba*
別名 / 玉蘭花
採收季節 / 全年（夏天花朵量較多）
植材來源 / 臺灣屏東高樹鄉（張希仁先生）
萃取部位 / 花朵與葉

完全盛開的白蘭花。

_ 白蘭花，俗稱玉蘭花，植物分類中屬於木蘭科
Magnoliaceae 含笑屬 Michelia。多年生的常綠喬
木，樹高可以到達 10 米以上，葉片呈前端略尖的
橢圓形，葉片的長度在 10～20 公分，寬度約在 5～
10 公分。白蘭花為白色，花期一般全年四季，以春、
夏季為多，像我們身處亞熱帶地區的臺灣，白蘭花
在屏東較為炎熱的氣候下，幾乎全年都有花可採。

_ 白蘭花帶有獨特及濃厚的香氣，不管在香精香水
產業或製茶工業中都被廣泛運用，因其怡人的香
氣，也被當成觀賞性園藝植物來種植，甚至在臺灣
的紅綠燈路口，常會有販售白蘭花的小販，向駕駛
兜售白蘭花串作為車內芳香劑的特殊景象，白蘭花
在臺灣受歡迎與普遍的程度，可見一斑。而白蘭花
在臺灣最大的產地，就是屏東縣高樹鄉及鹽埔鄉。

_ 白蘭花除了花朵的香氣受歡迎外，在中醫的運用
上，也有長久的歷史。白蘭花朵性溫、味辛苦，具
有止咳、化濁的功效，也含有揮發性的精油。而除
了花朵的功效外，白蘭的葉片也含有生物鹼、揮發
性精油等有效的活性成分。有文獻記載，白蘭花葉
片經水蒸氣蒸餾所得的揮發性產物，對於慢性支氣
管炎有很好的療效。

白蘭花的花瓣通常有 8 ～ 12 片。

還沒有綻放的白蘭花花苞。

微微綻放的白蘭花，照片上還可見到成長中的綠色花苞。

小分享

　　白蘭花俗稱「玉蘭花」，在臺灣是很常見的香花，其實它正確的名稱應該是白蘭花；不過如果你稱其為白蘭花，一般人反而可能不知道你是講什麼花，這應該就是約定俗成的狀況吧！

　　還有一種名稱叫「白玉蘭」的花朵，也很容易跟「白蘭花」產生混淆。「白玉蘭」是另一款花，香氣不明顯，花朵較大，屬於喬木型樹木，又稱「木蘭花」；而「白蘭花」的香氣特別濃郁明顯，花朵的顏色有白色與黃色兩種，黃色白蘭花產量較少，香氣與白色白蘭花也略有不同，通常我們見到的，都是白色居多。

　　2019 年間，我初次來到了屏東高樹鄉的白蘭花農田，屏東高樹鄉為臺灣白蘭花產地，臺灣近八成的白蘭花都來自這裡。高樹鄉鄉間的道路兩旁，隨處可見種植滿滿的白蘭花樹，這次造訪的農田主人是位回鄉打拚的年輕花農，除了照料這片白蘭花田外，還在進修碩士學位，連論文的題目都與白蘭花相關，是名符其實的「白蘭花達人」。

　　訪談中，除了請教種植相關問題，也了解到原來這片白蘭花的樹齡每棵都高達 40 到 50 年，一年四季都有花可採，每年的 4 到 8 月產量比較大，蟲害問題則多為蚱蜢與蜘蛛，所以為了賣相好，還是會噴灑一些農藥；但他也特別規劃了一個不噴灑農藥的區域，只

要消費者告知他需要購買的是用來蒸餾的花材，他可以提供不使用農藥的花材，而他的白蘭花每天採集、北運，目前多為供不應求的狀態。

　　參訪完屏東白蘭花田後，我對白蘭花有了深刻的印象，才發現居住的社區裡其實種植了好多棵白蘭花樹，但可能因種植環境與照顧不佳，從來沒看見它開過花，也沒有聞到過濃郁的白蘭花香，所以根本沒發現有這麼多白蘭花樹近在咫尺。

　　我心裡也覺得很好奇，為什麼這麼多住家的院子裡會種植白蘭花樹呢？詢問白蘭花達人張先生，他回答我：「早期務農的臺灣家庭都會在院子裡種上幾棵白蘭花，一來它不太需要照顧就可以長得不錯，二來白蘭花香氣濃郁，摘下後香氣可維持 2 到 3 天，種植的人家會摘來作為家中祭祀之用」。

　　白蘭花含有精油可以萃取，但是得油率不高，大約只有 0.4% 左右，因此白蘭花精油價格也不便宜，而且產量不多。至於白蘭花的氣味，喜歡與不喜歡也是相當兩極，喜歡的人對它的香氣情有獨鍾、愛不釋手，而不喜歡它味道的人，甚至覺得白蘭花的香氣中帶有一股微微的「怪味」。

黃玉蘭的香氣品質與強度都優於
白玉蘭，但是產量非常少，是可
遇不可求的蒸餾植材。

白蘭花 植材預處理

白蘭花的花與葉都可蒸餾萃取精油與純露，所以我們在預處理的部分，也會將花與葉分開來說明。花與葉預處理的方式不同，兩者的揮發性成分與香氣也不同，千萬不要將花與葉同時進行蒸餾。

白蘭花的花朵

白蘭花在採摘的時候，要注意挑選花朵稍微開卻還沒有完全綻放的，花苞還沒有打開或是已完全綻放的都不適合。植物中的揮發性成分，在綻放前屬於轉化與累積的階段，在花苞綻放前含量會到達最高峰，而花朵綻放後，這些揮發性化合物含量又會隨時間增加而減少。

一天內最佳的採摘時間，是清晨的 6 點到 9 點之間，在陽光還沒有完全露臉、環境溫度還沒有升高的時段最好。採摘花朵的時候，挑選微開狀態下的花，花柄部分不要保留太長，因為莖、葉的揮發性化合物氣味與花朵並不相同，保留過長的莖多少會影響蒸餾後的香氣。沒有開的花苞及前一晚已完全開放的花朵，也不要採摘。

微微開放的白蘭花採摘下來後，集中過程也要注意將它以薄層擺放方式放置，如果在空間、器材允許的狀況下，最好使用竹篩網，將花朵平鋪在竹篩網上，以利於上下透氣，千萬不要堆疊成一堆，避免發熱而改變了氣味。

採收完畢後，如果需要運送，按照一般新鮮花朵運送的規範即可（冷藏），運送到家或是蒸餾地點後，最好立即將花朵與採收集中時的作法一樣，薄層平鋪在竹製篩網上，厚度盡量以 3 朵花為原則。

正常的花朵是潔白、飽滿、花瓣微開，香氣清雅而濃郁，在採收、儲藏、運輸和保存過程中，都要盡量保持花朵的正常樣態，最重要的是，必須防止花朵變黃和香氣因發熱而產生類似發酵的味道。

白蘭花 植材預處理

　　蒸餾前可以將白蘭花瓣剪成小段狀，加大蒸氣熱傳導時的接觸面積，同時，也可以將剪碎後的白蘭花瓣浸泡 1 到 2 小時，這些都有利於白蘭花精油與純露的萃取收率。

　　浸泡中的白蘭花，可以轉入冰箱內冷藏，較低的溫度能減緩與避免發酵引起的氣味改變。浸泡的時間，以 2 小時為限，白蘭花並不適合隔夜或長時間浸泡，否則容易造成發酵的味道生成。

　　以下再提供幾點預處理時的建議：

- 白蘭花的花蕊、花萼部分，會影響純露氣味品質，要將其全數去除。
- 根據經驗，1 台斤花材去掉蒂頭、枝葉、花梗、花蕊後，大約有 450g 的花瓣可作蒸餾使用。
- 白蘭花摘下後非常容易氧化，最好在摘下當天進行蒸餾，否則香氣氧化後，會變成一種不好聞的發酵味道，影響純露品質。
- 新鮮採收的白蘭花如果無法在當天進行蒸餾，一定要將白蘭花「冷凍」保存。

1 / 凌晨剛從屏東送到台北的白蘭花。

4 / 白蘭花的花瓣。

2 / 半開期的白蘭花。

5 / 將白蘭花瓣切成小片狀，加大蒸氣接觸的總面積，短暫的預處理時間，花瓣就已經有氧化變色的狀況。

3 / 白蘭花花朵分解的照片，中間花蕊氣味與花瓣不太相同，蒸餾前決定把它取出，只蒸餾花瓣。

白蘭花 植材預處理

乾燥的白蘭花葉片

　　白蘭花的葉片採摘時，最好挑選深綠色的老葉，淺綠色的嫩葉因為水分含量太高，在乾燥過程葉片容易變得軟爛，所以不建議採摘。

　　採摘收集後的葉片，可以平鋪在地面或竹製篩網上陰乾。白蘭花的葉片比較大，除非使用專門的乾燥機，一般家用的乾燥機或烤箱都不容易裝載大量白蘭花葉，所以我們可以選擇最簡單也最省事的乾燥方式，就是放在室外直接陰乾。

　　白蘭花葉片富含水分，乾燥時間大概在 7 到 14 天左右，也因為白蘭花葉的精油與純露大多運用其功效而非著重於香氣，所以我們在乾燥與預處理的方式，就沒有太多的細節需要顧慮。

　　乾燥後的白蘭花葉，可以將之剪成小段狀，或用粉碎機徹底粉碎也可以（同樣也是為了加大蒸餾接觸面積），之後可浸泡 2 小時或隔夜再進行蒸餾，這些都是提升精油、純露收率的基本方法。

新鮮採摘的白蘭花葉，葉片的
氣味不明顯。

室溫下陰乾大約一週的白蘭花
葉，還未完全乾燥，但葉片氣
味已有所改變。

另外，採用「微波輔助」後，再進行水蒸氣蒸餾，也能提升精油萃取收率。有文獻記載，最好的時間與微波爐的瓦數是當液料比例為 1：8 時，微波火力 500W，微波時間 3 分鐘。

實際的操作方式就是將剪成小段或粉碎後的白蘭花葉，秤重後加上 8 倍重量的水浸泡，在蒸餾前先將浸泡的白蘭花葉轉移到適合使用微波爐的容器中，調整微波爐火力在 500W 左右，微波定時為 3 分鐘，微波後的白蘭花葉與其浸泡的水溶液，再直接轉移到蒸餾器具中進行蒸餾。

如果家中的微波爐火力無法準確調整到 500W 這個功率，則可自行調整微波功率與時間，功率超過 500W，則微波時間就相對應縮短成 2 分鐘或 2 分半鐘。

註：微波輔助的方法與原理，在章節 1-4（P.62）有比較詳細的說明。

已完全乾燥的白蘭花葉片，氣味並不明顯，搓揉葉片才可以聞到。

白蘭花 蒸餾要件

白蘭花的花朵

植材的料液比＝ 1：5 ～ 1：6

　　白蘭花的精油含量較低，所以添加的蒸餾水不宜太多，但是因為其香氣特別的濃郁，所以我們可以比一般花朵類多一點，建議料液比以 1：5 ～ 1：6 的比例進行添加，就可以將白蘭花朵中的揮發性成分萃取乾淨。

例　料：白蘭花花朵 200g
　　　液：蒸餾水 1000ml ～ 1200ml

蒸餾的時間＝ 180 分鐘～ 240 分鐘

共水蒸餾中的白蘭花花瓣。

　　水蒸氣蒸餾萃取的白蘭花朵精油與純露，與玫瑰花一樣屬於花朵類的植材，精油含量較少，揮發性成分大多儲存於花瓣的表皮細胞內，這些表皮細胞的體積小，細胞壁也很薄，水蒸氣的擴散作用很容易達成，我們不需要很大的蒸氣量與蒸汽壓力去進行蒸餾。蒸餾花朵類產品最重感官的香氣，所以我們可將蒸餾熱源關小，放慢蒸餾的速度，加長蒸餾的時間，讓植材中的香氣活性成分，在比較緩和的加熱環境下慢慢蒸餾出來，減少熱對於這些成分的破壞，以獲得品質與感官評鑑較佳的白蘭花精油與純露。

蒸餾注意事項

a.　白蘭花花朵使用水蒸氣蒸餾法提取精油，得油率約 0.22 ～ 0.28%。
b.　白蘭花精油應呈現淺黃色或淡黃色，比重約在 0.870 ～ 0.895 之間，可選擇一般「輕型」的油水分離器。
c.　蒸餾乾燥的白蘭花葉片，可以運用「微波輔助」增加精油的萃取收率。

白蘭花的葉片

植材的料液比＝ 1：8 ～ 1：10

白蘭花的葉片，有文獻紀錄表示，最佳的料液比例為 1：8 ～ 1：10 之間，取得的精油收率則為 0.49% ～ 0.58%。所以我們選擇添加的蒸餾水比例，為植材重量的 8 倍到 10 倍。

例

料：**白蘭花葉 200g**
液：**蒸餾水 1600ml ～ 2000ml**

蒸餾的時間＝ 180 分鐘～ 240 分鐘

白蘭花的葉片蒸餾，在文獻中的實驗結果表示，蒸餾 5 小時的精油萃取收率最佳，蒸餾時間 2 小時所得的精油量約是蒸餾 5 小時的一半；也就是說蒸餾時間在 2 小時到 5 小時的區間，所獲取的精油量與時間是成正比的關係。但是，考量到一般 DIY 操作者對蒸餾時間太長會感到不方便，所以建議把時間控制在 3 到 4 小時間。

蒸餾注意事項

a. 白蘭花的葉片使用水蒸氣蒸餾法提取精油，得油率約 0.4%。
b. 白蘭花葉精油比重比水輕，可選擇一般「輕型」的油水分離器。
c. 可觀察到少量淡黃色精油浮在上層，但一般 DIY 的量並沒有足夠的精油可以分離。

白蘭花花朵・精油主要成分（水蒸氣蒸餾法萃取）

成分	百分比
芳樟醇 /Linalool	43.18%
甲基丁香酚 /Methyleugenol	3.54%
β- 石竹烯 /β-Caryophyllene	3.40%
β- 紅沒藥烯 /β-Bisabolene	1.99%
δ- 杜松烯 /δ-Cadinene	1.83%
石竹烯氧化物 /Caryophyllene oxide	6.09%
β- 欖香烯 /β-Elemene	3.068%
大根香葉烯 D/Germacrene D	1.25%
β- 芹子烯 /β-Selinene	1.68%
順式芳樟醇氧化物 - 呋喃型 /cis-Linalool oxide, furanoid	1.85%

白蘭花乾燥葉片・精油主要成分（水蒸氣蒸餾法萃取）

成分	百分比
芳樟醇 /Linalool	63.31%
橙花叔醇 /Nerolidol	7.40%
石竹烯 /Caryophyllene	4.41%
環氧化異香樹烯 /Isoaromadendrene epoxide	3.53%
α- 葎草烯 /α -Humulene	1.78%
反式橙花醛 /trans-Citral	2.02%
α- 杜松醇 /α -Cadinol	1.63%

植材資訊

白蘭花農園
屏東縣高樹鄉 張希仁
0913-339-239

Orange
Jasmine

2-5
月橘

學名 / *Murraya exotica*

別名 / 七里香、九里香、滿山香

採收季節 / 每年 7 到 9 月

植材來源 / 自家花園

萃取部位 / 鮮花、新鮮與乾燥葉片

_ 月橘為芸香科 Rutaceae 月橘屬 Murraya 植物，常綠灌木或小喬木，原產南亞至東亞熱帶氣候區。植株高度 1～3 米，葉子為羽狀複葉，小葉 3～7 枚互生，葉背密布小小黑色的油腺點。花色白，繖房花序，芳香，單瓣 5 枚。漿果為卵形，初為綠色，成熟時呈紅褐色。廣泛分布於臺灣低海拔的地區。

_ 臺灣產的月橘植物有 2 種及 1 變種，臺灣大部分的七里香是屬於月橘 *Murraya exotica* L.，還有千里香 *Murraya paniculata* (L.)Jack. 和長果月橘 *Murraya paniculata* var. *omphalocarpa*，長果月橘屬於臺灣特有變種，僅產於蘭嶼及綠島。這三種月橘植物的辨別，主要在於葉子的形狀：

月橘 *Murraya exotica*，小葉片最寬處通常在中部以上，頂端圓或鈍，小葉長 2～5cm，寬 2cm。

千里香 *Murraya paniculata*，小葉片最寬處在中部以下，頂端短尖或漸尖。小葉較小，長 3～5cm，寬 2cm。果實較小，為長橢圓形。

長果月橘 *Murraya paniculata* var. *omphalocarpa*，小葉片最寬處在中部以下，頂端短尖或漸尖。小葉較大，長 5～7cm，寬 3cm。果實較大，通常為圓錐形，先端具錐形細長尖尾形。

＊資料來源：臺灣產芸香科月橘組（sect. Murraya）植物新見。

盛開的月橘，俗稱七里香。

七里香的果實。

七里香葉片背面，滿布的小黑點就是含有精油的油腺。

小分享

　　初見月橘（在臺灣多稱為七里香，中國則稱之為九里香），是被它滿溢的花香所吸引，月橘容易種植，不需要特別照顧，因此很多的庭院圍籬將其作為景觀造景之用，也是行道樹的大宗，花季時爆滿的小白花會引來非常多的蜜蜂與螞蟻，表示這花朵汁多味美吧！

　　月橘的花香濃郁，會隨風飄散到幾里外，因此得名七里香、九里香、滿山香。見它開滿樹叢我忍不住手癢，先閱讀了相關文獻，確認它是可製作純露與精油的一種藥用植物。月橘為芸香科，是會結果實的，幾個月後就發現了它的果實會由綠轉成紅色。

　　採了滿滿一籃濃郁香氣，收穫豐富。仔細研讀月橘相關文獻，就開始了摘花蒸餾的工程。近年來，中外學者對七里香的化學成分進行了大量研究，從葉、根皮、果實等部位中，分離得到了多種化合物，主要包括香豆素類、黃酮類、生物鹼類以及揮發油等。

　　月橘的香氣甜美且渾厚，想在花朵類採摘到足夠蒸餾的植材，月橘就是很好的選擇，也是一種常見也容易取得的植材。

月橘 植材預處理

月橘鮮花

　　月橘全年都會開花，花期主要集中在夏季至秋季（4 月到 10 月），當月橘花盛開的時候，採摘最佳時段為早上 5 點到 9 點，此時段採摘的月橘花，香氣與萃取精油的品質最佳，時間越往中午，香氣會漸漸揮發而變淡；到了下午 3 到 4 點，整體香氣會有很明顯的衰退，所以採摘適宜在清晨時段進行。

　　月橘的花會在清晨 5 點以前綻放，過了這個時間的花苞如果還沒有打開，就要等到次日清晨 5 點前才會打開，在白天時段花苞是不會綻放的。

　　月橘花期不長，大約只有 4 ～ 5 天，採摘前可先觀察一下花朵綻放的狀況，如果發現還有許多花苞沒有完全綻放，就再多等一天到次日清晨再觀察，看看那些未開的花苞是否已經綻放。如此觀察 4 ～ 5 天，一定可以找到花朵採收最大量、完全綻放的時機。

　　採收月橘花時，如果細心慢慢挑選，當然可以只挑選完全綻放開的花朵，避開半開及未開的花苞，但這需要比較大的耐心和時間；簡單一點的方法，是從花叢下方將枝條剪斷，取下全部花朵，蒸餾前再修掉枝條、挑出綻放的花朵來蒸餾。

　　採摘下來的月橘鮮花，越快將它蒸餾完畢越好，如果無法馬上蒸餾，建議將其密封後放到冷凍庫，低溫冷凍，不要放在室溫下，它的香氣會逐漸消散。

　　也有文獻資料將月橘花朵先乾燥保存再蒸餾，但我比較不建議這個方式，就像乾燥過後的玫瑰花與新鮮玫瑰花，蒸餾出來的精油與純露，香氣品質絕對有很大的差異。

月橘花朵很小，也無需浸泡工序，可以直接蒸餾，預處理的工序中，就只剩下剔除多餘的葉與枝條；細心點處理，避免葉與枝條混進蒸餾中，而讓它們不同屬性的氣味影響了花朵的香氣，便可以得到品質、香氣較佳的月橘花朵純露。

採摘下來的新鮮月橘花。

月橘葉

新鮮與乾燥的月橘葉都可以蒸餾，月橘葉蒸餾出來的精油，其中有 14 種化合物跟月橘鮮花精油是相同的；葉子特有的化合物有 7 種，花的特有化合物則有 25 種。葉子的揮發性成分中也有許多是可以善加利用的。

預處理時，挑開多餘的莖、葉、未開的花苞。

採摘月橘的葉子沒有特定的時間，挑選環境、溫度最適合月橘生長的季節採收，擁有適當的溫度、日照，在光合作用最為旺盛的時期，就可以獲得比較高的精油含量與品質。蒸餾時挑選葉片，枝條則去除。

採摘下來盛開的月橘花簇，香味清香濃郁。

新鮮的葉片也可以乾燥保存後再蒸餾，最簡單的方法就是在通風處陰乾，避免陽光直接曝曬。

乾燥的月橘葉，蒸餾前先粉碎成小片狀，浸泡大約 2 小時，讓乾燥的葉片吸飽水分，就可以蒸餾。

盛開中的月橘花香氣飽滿，花簇潔白，外型也很動人，讓人愛不釋手。

月
橘
蒸
餾
要
件

植材的料液比＝ 1：5 ～ 1：6

月橘花秤重後，加入的蒸餾水比例，約在花朵重量的 5 ～ 6 倍之間。花朵類的精油含量較少，蒸餾花朵類精油、純露，感官評鑑上的重要因子就是香氣，所以蒸餾新鮮花朵，添加的蒸餾水比例不會太多，接收的純露量也會比較少，以確保所收集到的產物香氣及活性成分處於飽和狀態。也就是說，蒸餾中我們可以接收富含香氣成分純露的量是有限的，添加過多的蒸餾水，並不能加大產物的量，反而會影響精油與純露的萃取收率與品質（請參考 P.71 蒸餾原理章節的料液比例）。

例

料：月橘鮮花 200g
液：蒸餾水 1000ml ～ 1200ml

蒸餾的時間 ＝ 180 分鐘～ 240 分鐘

蒸餾月橘花的時間與速度，可以控制在 4 個小時左右。蒸餾花朵精油、純露，首重產物的感官香氣，所以都會控制蒸餾火力，盡量放慢蒸餾速度，免得加熱速度過快過猛，破壞了花朵類對熱較為敏感的成分，造成產物的香氣評鑑品質不佳。在其他蒸餾條件都相同的狀態下，蒸餾時間控制在 180 ～ 240 分鐘左右，盡可能降低加熱力度，放慢蒸餾速度，精油純露的香氣品質一定會比較好。

滿滿的月橘花準備進行蒸餾。

a.　新鮮月橘花精油，顏色為淺黃棕（yellowish brown）色，比重比水輕，可以選擇「輕型」的油水分離器。
b.　新鮮月橘花精油比重約為 0.851 g／cm³。
c.　新鮮月橘花精油萃取收率約在 0.09% 左右。
d.　「共水蒸餾」新鮮月橘花時，可加入 5% 的氯化鈉，能些微提升精油的萃取收率，使用「水上蒸餾」時也可以添加，但是效果會比使用「共水蒸餾」的方式差。

月橘葉

植材的料液比＝１：６～１:8

月橘葉的精油含量比月橘花要高一些，新鮮月橘葉已富含水分，所以無需進行浸泡的工序，建議添加 6 倍於植材重量的蒸餾水；乾燥後的月橘葉，因為還要加上浸泡的工序，讓乾燥的葉片預先吸飽水分，同時讓浸泡發揮效果，建議添加植材重量 8 倍的蒸餾水進行蒸餾。

例
料：月橘葉 200g
液：蒸餾水 1200ml ～ 1600ml

蒸餾的時間＝ 120 分鐘～ 150 分鐘

新鮮、乾燥的月橘葉片蒸餾時間，建議在 120 ～ 150 分鐘左右即可，精油的得油率約在 2 小時左右即可到達高峰，稍微延長一下時間也可以，但不需要延長太多，因為對得油率並無明顯的幫助。

蒸餾注意事項

a. 月橘葉的精油含量約在 0.15% ～ 0.35%。
b. 新鮮與乾燥的月橘葉片精油，比重都比水輕，可以選擇「輕型」的油水分離器。
c. 乾燥的月橘葉，預先浸泡後，可以運用「微波輔助」增加精油的萃取收率。

月橘鮮花・精油主要成分（水蒸氣蒸餾法萃取）

檜烯 /Sabinene	24.81%
L- 芳樟醇 /L-linalool	7.17%
β- 石竹烯 /β-Caryophyllene	4.67%
α- 薑烯 /α-Zingiberene	11.77%
反式 -β- 羅勒烯 /trans-β-Ocimene	6.56%
檸檬烯 /Limonene	2.03%
月桂烯 /Myrcene	3.61%
γ- 松油烯 /γ-Terpinene	1.15%
β- 欖香烯 /β-Elemene	1.92%
橙花叔醇 /Nerolidol	1.21%

月橘葉・精油主要成分（水蒸氣蒸餾法萃取）

β- 石竹烯 /β-Caryophyllene	14.75%
α- 薑烯 /α-Zingiberene	25.84%
β- 甜没藥烯 /β-Bisabolene	5.63%
α- 蛇麻烯 /α-Humulene	4.14%
反式 -β- 金合歡烯 /trans-β-Farnesene	5.21%
香檸檬烯 /α-Bergamotene	7.96%
α- 薑黄烯 /α-Curcumene	2.81%
β- 倍半水芹烯 /β-Sesquiphellandrene	4.65%
橙花叔醇 /Nerolidol	2.83%

植材資訊 自家院子

月橘因為多為行道樹或一般住家作為圍牆圍籬之用，幾乎沒有農場或小農在販售月橘的花，因此讀者若想要取得月橘花，可能就要在月橘花盛開的季節，自行尋幽探秘，找到屬於自己的月橘花來源。

Rose

2-6
玫瑰、月季

學名 / 玫瑰 *Rosa rugosa*、月季 *Rosa chinensis*

別名 / 薔薇、月季

採收季節 / 全年（但春、秋二季花開得較好、品質較優）

植材來源 / 寶貝香氛、曙光玫瑰莊園

萃取部位 / 花朵

_ 玫瑰、月季都屬於薔薇科 Rosaceae 薔薇屬 Rosa 的植物，英文名稱都叫 Rose。其實，在生活裡我們接觸到的玫瑰花大多屬於月季，真正的玫瑰其實不多。我自家種植的玫瑰與月季，品種大約有 10 種以上，都是我親自去臺灣各地購買回來的，挑選過那麼多不同品種的玫瑰與月季，對於以蒸餾為目的的人，最佳推薦就是「挑選強香型的品種」、「親自去聞過它的花香，挑選香氣是自己最喜歡的類型」、「挑選花瓣層次比較多的」。

_ 像是「皇家胭脂」、「秋日胭脂」這些品種，都是屬於強香、花瓣層次多、花朵重量比較重，可滿足上述推薦條件的，這些品種蒸餾出來的純露，玫瑰的香氣非常清香濃郁。

_ 我的院子裡栽種不同品種的玫瑰與月季，每個品種幾乎都有不同的香氣，有的濃郁、有的清香、有的聞起來比較甜，各有各的香氣特色。

_ 根據自身經驗，混合不同品種、不同香氣類型的玫瑰或月季一起蒸餾，是一個非常實用的方式，也是我最常使用的方式，所得到的純露無論是香氣或使用起來的效果，個人都覺得非常滿意，也推薦給各位讀者。

台中霧峰的玫瑰農場。

農場種植的秋日胭脂，外型真的很像包子，
難怪別稱「包子玫瑰」。

秋日胭脂的花瓣層次豐富、花朵飽滿、香氣也是
我很喜歡的類型，製作出來的純露也超香，非常
推薦喔！

小分享

　　我並非玫瑰愛好者，但製作精油、純露，玫瑰是不能少且具指標性的花種之一。製作玫瑰精油、純露所需的植材，需要取自無農藥種植，如果要在一般花市裡選購玫瑰花，需要無毒等級幾乎是不可能的事。原因在於：玫瑰花屬於觀賞型花卉，需要花美且大，稍微有蟲咬過的花都會影響售價，因此種植觀賞用玫瑰大多需要噴灑農藥，讓花朵遠離蟲害；而且種植玫瑰需要頻繁施肥，才能讓花大且花型優美，想要在市面上找尋無農藥玫瑰，可說是一大難事。

　　我花了相當多時間找尋無農藥玫瑰，但無使用農藥的玫瑰花大多是農家種植供業餘觀賞用，數量不多，而我所要求的玫瑰品種又需要強香型的玫瑰花，要求多但要的數量也不是屬於商業規模的訂單金額，所以在找尋蒸餾用玫瑰上花了相當多時間與碰了一鼻子灰，有好幾次都非常挫折呢！

　　為了找尋無農藥玫瑰，我凌晨 5 點摸黑從台北出發，必須在 10 點前到達玫瑰田。原因在於玫瑰花最好的採摘時間是清晨，在清晨的玫瑰香氣才能完美釋放，到中午、下午甚至是晚上，同樣一朵玫瑰花香氣會減弱不少，這是某些花朵類植物的特性。

因此，在歐洲的玫瑰花產地，我們可發現花農都是在清晨採摘，尤其在全球知名的大馬士革地區，玫瑰園簡介都是如此介紹：**在產期於清晨 5 至 6 點開始採摘尚帶露水的玫瑰花瓣。**

農場中盛開的皇家胭脂，花朵超大、超香。

我來到了臺灣台中的霧峰，找尋一位超年輕的農人，好奇詢問他怎麼會想種無毒玫瑰？他回答我：是無心插柳。他的本業是種植瓜果類蔬果，種玫瑰花是興趣使然，原本幾年前種了三分地，花開得相當多，卻乏人問津，所以減少到種一分地，但這兩年卻不斷有購買的訂單飛來，變得供不應求！

我想，原因就在於這幾年純露在臺灣越來越受到喜愛與重視，也更多人知道純露的美好，所以這些無毒的玫瑰，訂單都已經排到隔年囉！我開玩笑的跟他說，那你要再多種一些，因為等這本書出版了，會有更多讀者來訂購，以目前產量絕對無法滿足未來的市場。

他目前所種植的玫瑰品種為「皇家胭脂」，在當天，我採了一些回家，此品種的香氣濃郁且花瓣皺摺多、花型又美，與平日在花市所見的玫瑰花有很大的不同。我只採摘了 10 多朵放在車上，整個車子裡便充滿了玫瑰香氣，回程路上聞著花香，一路都十分開心。

後記

此段拜訪是 2019 年的夏天，在書寫接近完稿時的 2021 年 6 月，這位年輕果農已經不再種植玫瑰花囉！不過，在這兩年過程中我依舊不屈不撓繼續尋找能提供讀者購買的無毒玫瑰種植者，最後的植材資訊中有玫瑰花農（無毒或有機種植）資訊可供宅配。

2019 年當天的拜訪，讓我對於臺灣種植的玫瑰花重新改觀。以往花市裡見到一般觀賞型玫瑰或花店的切花，花型大多屬於外放大開型，而這次所見的玫瑰花型優美且香氣濃郁，有很大的不同，而且是不灑農藥友善種植，對於製作純露非常適合。

在經歷挫折的尋花過程後，讓我有了自己種植玫瑰花用於課程的想法，如果家裡陽台隨時可摘採玫瑰來蒸餾，那是多麼美好的事！於是，我從 2019 年冬天開始種植強香型玫瑰花用於教學，截至目前，已有將近 60 棵強香型玫瑰花囉！

玫瑰、月季 植材預處理

玫瑰花在不同的生長時期，主要香氣成分和含量都有很明顯的差異。為了方便大家分辨，我簡單分成五個階段：花蕾期、初開期、半開期、盛開期和盛開末期。

玫瑰花在花蕾期，主要香氣成分是萜烯類化合物，而初開期、半開期、盛開期和盛開末期這幾個階段，主要香氣成分就轉變成了醇類、酯類以及萜烯類，且各時期主要香氣成分的含量，也有很大的差異。

我們很熟悉的玫瑰香氣，會在初開期形成，到了半開期、盛開期的含量到達高峰，其中還有一些揮發性成分到盛開末期含量才會達到最高，但是盛開末期的花朵，已經相當脆弱，有時稍微一碰花瓣就會脫落，非常不利於採收，所以我們會選取「半開期」和「盛開期」的玫瑰花，作為蒸餾精油與純露的植材。

採摘的時候，直接從花朵下方的花萼處剪斷就可以，花萼中的精油含量約為花瓣的 1/3，含量雖然低，但它的芳香成分與玫瑰花瓣是接近的，因此不需要單獨取下「花瓣」蒸餾，可以採「全朵玫瑰」進行蒸餾。我一開始也是將花瓣取下蒸餾，直到閱讀到相關文獻，才開始改變為全朵玫瑰進行蒸餾，這也是我目前採用的方式。

玫瑰花花蕾開放的時間，會在每天晚上約 9 點到隔日清晨 5 點之間，採收玫瑰花最佳的時間，則是每日清晨 5 點到 9 點之間。與任何花朵類植材一樣，玫瑰的香氣會隨著環境溫度漸漸升高、水分蒸發，而漸漸減少。

所以，要搶在環境溫度還沒完全上升前，採摘「半開期」、「盛開期」的玫瑰花。有研究對玫瑰採摘時間與精油含量做過實驗，早上 10 點以後採收的玫瑰花，精油含量已大量下降 33% ～ 50%，損失的量極大，所以採摘玫瑰花的時間是一個非常重要的關鍵。

「盛開期」、「半開期」的玫瑰採摘下來後，先將其平鋪成薄層，置於避開陽光的陰涼處，存放 6 小時後再進行蒸餾，對於玫瑰花的得油率有明顯提升。

玫瑰、月季 植材預處理

玫瑰花在採摘下來後，生命仍在持續，會因為「酶」（酵素）的作用，使某些本來還不構成香氣成分的物質，漸漸轉化成香氣成分，進而使得油率增加，這個「後熟」作用的工序，普遍被應用在玫瑰花精油、純露的製作中。

後熟工序有幾個要注意的重點，玫瑰花在後熟階段會發熱，如果堆放厚度比較厚，要注意定時去翻動，不要讓下層的玫瑰花過熱；後熟的時間對得油率的高峰在 6 小時左右，超過這個時間，得油率反而會因為揮發而下降。有實驗結果說明，6 小時的後熟工序，能讓玫瑰精油的萃取收率從 0.0004% 增加到 0.0005%。

玫瑰花最好的保存方法，就是將鮮花「冷凍」保存，這也是我在玫瑰花期天天都使用的方法。每天採摘下來、完全綻放的玫瑰花，先將多餘的莖與過長的花萼、綠色葉片修剪掉，再裝入食品保鮮袋或用真空包裝機密封，放進冰箱「冷凍」，如果家裡有冷凍專用的冰箱，它的溫度更低，保鮮效果會更好。

由左至右：花蕾期、初開期、半開期、盛開期。

花蕾期：花萼裂開，稍微露出有顏色的玫瑰花瓣。
初開期：只有外圍的玫瑰花瓣打開，中間的花瓣仍然緊緊包在一起。
半開期：外層花瓣已經打開，只剩中央的花瓣沒有打開，花芯也還沒有露出來。
盛開期：花瓣完全打開，中央的花芯也完全顯露出來。
盛開末期：花瓣已經開始萎縮，碰觸就會掉落。

有文獻實驗證明，玫瑰鮮花採用冷凍保存 40 天，觀察鮮花的外觀狀況及玫瑰精油的得油率，外觀與顏色都沒有太大的變化，得油率從 0.000464% 些微下降到 0.000445%。

玫瑰花是我最常保存與蒸餾的植材，根據經驗，冷凍保存的玫瑰鮮花可以保存 3 個月甚至 3 個月以上，蒸餾所得到的純露香氣與鮮花幾乎無法分辨。只是冷凍保存在家中冰箱要注意，一定要密封好，因為花朵會吸附其他食材或冷凍櫃中的異味。

冷凍保存的玫瑰花，蒸餾前要不要先退冰呢？退不退冰都可以，唯獨要注意的是，冷凍的玫瑰結成硬塊、不易擠壓，裝載的時候比較佔空間，裝載量會比鮮花、退冰後的少很多。

冷凍保存的玫瑰花，花朵中「酶」的活性已經停止，不需要再進行後熟工序，直接蒸餾就可以。就像製茶工序中，「殺青」就是用加熱讓「酶」的活性停止，停止發酵，讓茶的香氣定型。冷凍已經讓「酶」的活性終止，所以玫瑰花已經不會發生後熟的作用。

玫瑰花蒸餾前，不需要再將花瓣搗碎或是剪成小片狀，有人對玫瑰花的粉碎顆粒大小和得油率做過實驗，發現搗碎後的玫瑰花與整朵玫瑰花蒸餾的得油率，並沒有明顯改變，所以可以省掉這部分的工序，直接採用全朵玫瑰花進行蒸餾。

也有研究提出，用鹽漬方法處理並保存玫瑰鮮花，可以提高出油率。但是，出油率提升的同時，也有文獻對於鹽漬後的玫瑰花純露與玫瑰鮮花純露進行 GC-MS 分析，發現兩者不僅在揮發性成分上有明顯差異，即使兩種純露中都含有相同化合物，含量也有明顯不同，對於整體的香氣特徵，也有很明顯的改變。所以，我不建議用鹽漬來處理或保存玫瑰花。

玫瑰花瓣下方的花托也含有玫瑰精油成分，不要摘除，全朵進行蒸餾最好。

每天早晨從院子採摘的新鮮玫瑰，簡單修剪掉莖、花托上的葉片，就放進食物保鮮袋放進冰箱冷凍。

玫瑰、月季 蒸餾要件

植材的料液比＝ 1：3 ～ 1：4

蒸餾玫瑰花精油與純露，「不同的蒸餾形式」對蒸餾出來的純露香氣也有影響。三種蒸餾方式中，以「外接水蒸氣蒸餾」優於「水上蒸餾」優於「共水蒸餾」。外接水蒸氣的蒸餾方式需要比較複雜的設備，一般 DIY 的讀者通常接觸不到這類蒸餾器，所以建議採用的順序是「水上蒸餾」，其次才是「共水蒸餾」。

玫瑰花精油的得油率非常非常低，要收集觀察到精油幾乎是不可能的任務，所以蒸餾玫瑰花，主要的目標產物就是玫瑰純露。

玫瑰鮮花預處理完畢後，建議加入玫瑰花重量 3 ～ 4 倍的蒸餾水進行蒸餾，料液比例太低、添加不足量的蒸餾水，無法將玫瑰花中的揮發性成分萃取完整；料液比例太高、添加過多的蒸餾水，這些添加過量的蒸餾水，在到達蒸餾終點後會變得完全沒有用處，反而造成揮發性成分溶解在這些多餘的水中，不利於萃取的成效。所以，最大的比例建議不要超過 1：4。

有些讀者可能閱讀過許多網路上關於玫瑰純露製作的經驗分享，也許會覺得 1：3 ～ 1：4 這個料液比例太高？或是疑惑自己能收集多少玫瑰純露？如果閱讀到這裡還有這些疑問，建議先回到本章節的最開端，P.71 的「料液比例」章節，與 P.272 Q&A 中「到底能夠收集多少純露」的說明與實際作法，再仔細閱讀一次。

> **例**
> 料：玫瑰鮮花 200g
> 液：蒸餾水 600ml ～ 800ml

蒸餾的時間＝ 180 分鐘～ 240 分鐘

玫瑰花的揮發性成分儲存於花瓣表皮細胞內，這些表皮細胞的體積小，細胞壁也很薄，水蒸氣的擴散作用很容易達成，不需要很大的蒸氣量與蒸汽壓力去進行蒸餾，再加上玫瑰精油純露的香氣是最

蒸餾課堂上，將冷凍的玫瑰花秤重，準備蒸餾。

蒸餾課堂上，使用玻璃材質蒸餾玫瑰純露，透明的玻璃利於學員觀察。

受關注的評鑑重點，當中又有許多酯類這種熱敏性香氣成分，所以蒸餾玫瑰花時加熱火力的控制盡量溫和一點。

有文獻對於蒸餾玫瑰精油的時間做過實驗，如果以 6 小時所萃取到的精油為一個標準值，蒸餾 30 分鐘所萃取到的精油，佔標準值的 50%，1 小時為 59%，2 小時為 74%，3 小時為 85%，4 小時為 91%，5 小時為 96%。

依照這個數字可以發現，蒸餾玫瑰精油時，出油率的增加並不是很線性、均勻的增加，蒸餾前段的增加速度比後段快很多，所以建議蒸餾玫瑰花精油與純露時，把蒸餾時間控制在 180 分鐘左右，也可以稍微延長到 240 分鐘，不需要為了取得最後那 10% 的精油而把蒸餾時間延長到 5 小時甚至 6 小時。

蒸餾注意事項

a. 玫瑰花精油的含量非常低，看不到精油層；玫瑰純露很清澈，不太會有油水混溶、混濁的清況。

b. 「共水蒸餾」時加入 5% 氯化鈉，可以提高一點玫瑰精油的出油率，使用「水上蒸餾」的方式時也可以添加，但是添加後的效果會比使用「共水蒸餾」的方式差。

c. 玫瑰花蒸餾後，留在鍋底的底物，也含有許多能利用的活性成分，玫瑰花中的色素也會留在底物中，是很好的天然色素來源。有人把這些留在蒸餾鍋底的色素和活性成分，開發成玫瑰飲品，顏色天然又富含豐富養分。蒸餾完畢後的玫瑰花渣，也有相關研究以開發其利用價值。

d. 玫瑰花精油與純露的研究文獻數量非常多，可以多去搜尋新的資料。

玫瑰・精油主要成分（水蒸氣蒸餾法萃取）

香茅醇 /Citronellol	22.12%
香葉醇（牻牛兒醇）/Geraniol	5.04%
芳樟醇 /Linalool	0.32%
苯乙醇 /Phenethyl alcohol	0.27%
金合歡烯 /Farnesene	0.75%
大根香葉烯 /Germacrene	0.17%
乙酸香茅酯 /Citronellyl acetate	1.29%
乙酸香葉酯 /Geranyl acetate	0.33%
乙酸橙花酯 /Neryl acetate	0.03%
檸檬醛 /Citral	0.29%
2- 十三酮 /2-Tridecanone	1.99%
2- 苄酮 /Dibenzyl ketone	0.27%
甲基丁香酚 /Methyleugenol	5.34%
丁香酚 /Eugenol	0.66%
玫瑰醚 /Rose oxide	0.07%

玫瑰・純露主要成分（水蒸氣蒸餾法萃取）

苯乙醇 /Phenethyl alcohol	44.1%
香茅醇 /Citronellol	5.06%
香葉醇（牻牛兒醇）/Geraniol	1.92%
橙花醇 /Nerol	0.36%
檸檬烯 /Limonene	0.42%
香葉烯（月桂烯）/ Myrcene	0.04%
乙酸苯乙酯 /Phenethyl acetate	0.21%
乙酸薄荷酯 /Menthyl acetate	0.32%
苯甲醛 /Benzaldehyde	0.01%
異薄荷酮 /isomenthone	1.74%
右旋香芹酮 /D(+)-Carvon	1.82%
丁香酚 /Eugenol	25.44%
甲基丁香酚 /Methyleugenol	2.7%
苯乙酸 /Phenylacetic acid	2.89%
苯甲酸 /Benzoic acid	1.2%
香葉酸 /Geranic acid	0.6%
玫瑰醚 /Rose oxide	0.02%

植材資訊	寶貝香氛無毒玫瑰
	臉書搜尋：寶貝香氛

曙光玫瑰莊
嘉義縣番路鄉 05-259-2932

Ginger
Lily

2-7
野薑花

學名 / *Hedychium coronarium*

別名 / 蝴蝶花

採收季節 / 每年 5 到 12 月

植材來源 / 新北市坪林區

萃取部位 / 花朵

_野薑花是臺灣山林野澗常見的香花植物，屬於薑科 Zingiberaceae 薑花屬 Hedychium 多年生草本植物。原產地在喜馬拉亞山脈（印度）、尼泊爾、緬甸以及中國西南部，現在廣泛分布於熱帶地區。

_野薑花與我們常吃的薑一樣屬於薑科植物，它的地下莖也是塊狀，帶有野薑花的香氣，花朵則在夏天到秋天的時節開花。野薑花是少數可全株開發利用的花卉，通常栽培是以切花觀賞為主，全株各部位均有香味、可萃取精油，花可當蔬菜食用，葉可用來包粽子，地下根莖在民間可利用於料理，與食用薑同樣具有去腥調味的效果。

_野薑花除了觀賞、食用的價值外，也是很普遍被使用的民間藥物。野薑花的花香可以治療失眠、減輕頭暈、噁心不適，根莖能解熱、祛風散寒、消腫止痛和抗炎抑菌。國外也有大量研究表示，野薑花含有多種活性成分，具有降血糖、抗氧化、抗腫瘤、抗結石、消炎、抗菌、降壓、利尿、保肝等生物活性。

野薑花的花期到來，花朵逐漸盛開。（拍攝於新北市坪林山區）

盛開的野薑花。

花期間，農場盛開的野薑花。（拍攝於宜蘭三星鄉香草農園）

小分享

野生的野薑花在我居住的北臺灣越來越少見了，夏天想要找尋野生綻放的野薑花，就要往靠近山區或有溪流的地方，才能找尋到香氣清新、花朵潔白，香氣特徵明顯的「蝴蝶花」，為什麼稱野薑花為蝴蝶花呢？因為它花朵全開的形狀與蝴蝶很相似。

野薑花喜愛生長在潮濕有水的地方，在山上的小溪旁比較能找到它，就算在視線範圍內還沒見著它，也會被香氣指引而發現它的蹤跡。夏天走在山裡的步道，常會聽見有人輕呼：「好香啊！」往往順著香氣尋覓過去，就發現了野薑花，它的香氣十分明顯，是一款綻放在炎夏、香氣獨特的花。

人工種植野薑花，目前以臺灣屏東為大宗，屏東的野薑花農供應全臺的野薑花切花，多數為觀賞用花材，有少數1、2家不使用農藥種植，購買前可以先詢問清楚。

野薑花 植材預處理

野薑花的花朵、地下根莖和莖葉都含有不同的揮發性成分，這三個部位都可以用來蒸餾萃取精油與純露，各國也都有文獻分別研究這三個部位蒸餾萃取所得的精油活性成分及功效。

野薑花全株皆可當作蒸餾精油與純露的植材來源，但因花朵、地下根莖和莖葉部位，蒸餾萃取到的精油、純露，其香氣和主要的活性成分有差異，蒸餾時最好分開蒸餾，不要把這三個部位混合操作，才能得到香氣較佳的精油與純露。

野薑花的花朵、地下根莖和莖葉部分，除了挑選新鮮的之外，也可以乾燥後再進行蒸餾，但與新鮮蒸餾所得的產物相比，雖然主要的揮發性成分沒有太大不同，但是香氣的呈現會有改變。建議野薑花花朵採用新鮮的比較好，其他的部位則依據個人對產物香氣接受度來決定採用乾燥或新鮮植材。

野薑花的莖葉產物有些許清涼感及草香味，莖則有類似丁香的香辛料氣味，地下莖的精油則有薑的氣味、清涼感及藥草味。

採摘盛花期的野薑花，未開的花苞不要採摘。

剛採收下來的野薑花，香氣飽滿濃郁。

　　本篇我們只針對野薑花的花朵進行詳細蒸餾說明，關於莖葉、地下根莖的蒸餾，可以自行參考其他蒸餾「葉片」的章節（如：2-2 臺灣土肉桂、2-13薄荷，地下根莖可參考2-22薑的章節），理解預處理的各項準則，掌握蒸餾時的要件因素、詳細記錄，便可找到最合適的蒸餾工法。

　　野薑花採摘或購買時，最好挑選「盛花期」的花朵，這時候的香氣成分最為怡人與飽滿，但若採摘後沒有辦法立即蒸餾，就可以挑選「始花期」的微開花朵或花苞，回到家中先插入水中，等到它完全綻放的時候，再摘下蒸餾。

　　挑選採收完成、「盛開的」野薑花後，若整株野薑花上還有未開的花苞，請剔除不要使用，因為它會影響產物的香氣品質。接著，就是要將野薑花盡量剪成小片狀，越小的顆粒，總體的表面積越大，越利於蒸餾的速率與活性成分的萃取收率。

　　也有文獻記載，可以使用搗碎的方式，直接將野薑花搗碎然後蒸餾，搗碎的工法類似以壓榨法萃取精油，物理性破壞含油部位。

野薑花分解後的樣貌，像極了蝴蝶，所以又稱蝴蝶花。

野薑花屬於薑科植物，它的地下根莖也可以蒸餾喔！

野薑花 蒸餾要件

植材的料液比＝ 1：5 ～ 1：6

野薑花秤重後，加入的蒸餾水比例約在野薑花重量的 5 ～ 6 倍之間。花朵類的精油含量較少，蒸餾花朵類的精油、純露，感官評鑑上的重要因子就是香氣，所以添加的蒸餾水比例不會太多，接收的純露量也會比較少，以確保所收集到的產物香氣及活性成分處於飽和的狀態。也就是說，蒸餾中我們可以接收到富含香氣成分的純露量有限，添加過多的蒸餾水，並不能加大產物的量，反而會影響精油與純露的萃取收率與品質。

例 料：野薑花 200g
　　 液：蒸餾水 1000ml ～ 1200ml

蒸餾的時間＝ 120 分鐘～ 180 分鐘

蒸餾野薑花的時間與速度的控制，可以在 3 個小時以內。蒸餾花朵類純露，首重產物的感官香氣，所以我們都會控制蒸餾的火力，盡量放慢蒸餾速度，免得加熱速度過快過猛，破壞了花朵類對熱較為敏感的成分，造成產物的香氣評鑑、品質不佳。

在其他蒸餾條件都相同的狀態下，蒸餾時間 3 個小時，野薑花精油的萃取量幾乎已經到達最高，繼續延長蒸餾時間，所能萃取到的精油量只有非常些微的增加，幅度不大。考量效率與各項成本，3 個小時是最佳的蒸餾時間。

蒸餾注意事項

a. 野薑花的精油比重比水輕，可以選擇「輕型」的油水分離器。
b. 野薑花精油的顏色為無色到淡黃色之間。乾燥的野薑花精油的顏色會比較深，較接近淺黃色。
c. 「共水蒸餾」時加入 5% 氯化鈉，可以提高一點野薑花精油的出油率；使用「水上蒸餾」的方式時也可以添加，但是添加後的效果會比使用「共水蒸餾」的方式差。

野薑花・精油主要成分（二氧化碳超臨界萃取法）

芳樟醇 /Linalool	6.67%
異丁香酚 /Isoeugenol	5.73%
金合歡醇 /Farnesol	1.71%
石竹烯氧化物 /Caryophyllene oxide	1.09%
α- 杜松醇 /α-Cadinol	1.24%
(E)-Labda-8(17),12-diene-15,16-dial	33.72%
順式甲基異丁香酚 /cis-Methylisoeugenol	8.74%
茉莉內酯 /Jasmine Lactone	1.79%
苯甲酸苄酯 /Benzyl Benzoate	3.45%
角鯊烯 /Squalene	0.52%
棕櫚酸 /Hexadecanoic acid	0.90%

野薑花地下根莖・精油主要成分（水蒸氣蒸餾法萃取）

桉葉油醇 /1,8-Cineole	29.09%
松油烯 -4- 醇 /4-Terpineol	4.12%
α - 松油醇 /α-Terpineol	9.54%
檸檬烯 /Limonene	19.85%
δ -3- 蒈烯 /δ-3-Carene	9.84%
樟腦 /Camphene	1.25%
γ- 松油烯 /γ-Terpinene	1.42%
石竹烯 /Caryophyllene	1.36%
薑花素 /Coronarin E	9.89%
對傘花烴 /p-Cymene	3.22%

野薑花葉部・精油主要成分（水蒸氣蒸餾法萃取）

石竹烯 /Caryophyllene	26.40%
檸檬烯 /Limonene	17.98%
δ -3- 蒈烯 /δ-3-Carene	11.75%
β - 乙酸松香酯 /β-Terpinyl acetate	7.21%
β- 羅勒烯 /β-Ocimene	0.49%

野薑花莖部・精油主要成分（水蒸氣蒸餾法萃取）

β- 羅勒烯 /β-Ocimene	21.28%
檸檬烯 /Limonene	19.28%
石竹烯 /Caryophyllene	11.48%
α - 松油醇 /α-Terpineol	3.10%
桃金孃烯醇 /Myrtenol	5.19%

Water
Lily

2-8 香水蓮花

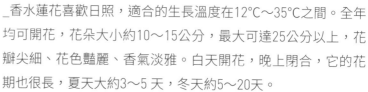

學名 / *Nymphaea rubra*

別名 / 九品香水蓮花

採收季節 / 全年（夏天量較多）

植材來源 / 臺灣宜蘭羅東蓮花休閒農莊

萃取部位 / 花朵

_ 香水蓮花為睡蓮科 Nymphaeaceae 睡蓮屬 Nymphaea 的水生宿根草本植物，香氣淡雅、花朵顏色鮮豔，臺灣將引進的香水蓮花自行培育繁殖，逐漸發展出九種不同顏色系列的香水蓮花。

_香水蓮花喜歡日照，適合的生長溫度在12℃～35℃之間。全年均可開花，花朵大小約10～15公分，最大可達25公分以上，花瓣尖細、花色豔麗、香氣淡雅。白天開花，晚上閉合，它的花期也很長，夏天大約3～5 天，冬天約5～20天。

_ 香水蓮花一開始引進是作為觀賞類植物，隨著研究越來越多，也發現更多應用價值。它含有蛋白質、酚類、醣類、膳食纖維等成分，具有養顏美容、增強免疫、降血糖、降血脂等功能。

_ 實際應用層面中，它的鮮花可以生食，還可以製成香水蓮花茶、浸泡香水蓮花酒。此外，香水蓮花也具有很好的護膚保濕特性，在美白方面也有效果，被廣泛萃取運用在美容生技產業中。因為花朵的香氣成分特殊，其精油也被香氛、香水產業作為調香的上等原料。

_ 香水蓮花在台南白河、北部的宜蘭都有比較大面積的種植，如果要尋找它的芳蹤，不妨去這兩個地方探訪一番。

宜蘭的香水蓮花農場。

盛開的香水蓮花，花朵的直徑
可以達到 18 公分。

小分享

　　透過學員的介紹，得知臺灣彰化有農園種植有機香水蓮花，時為夏天，這些香水蓮花正逢盛開，我先以電話訂購了 10 多朵；而臺灣的香水蓮花有好多顏色，我訂購這種稱作「九品香水蓮」，為何叫九品？因為它有 9 種顏色：金、黃、紅、紫、藍、赤、白、茶、綠等，每種顏色的香氣都有些微差異。

　　訂購的花宅配到台北後，花朵呈現閉合狀態，我隨即將它們插在花瓶中。據農場主人告知，只要接觸日照就會開放，於是，我在隔日太陽露臉時，趕緊請出這些嬌客曬曬太陽，希望能綻放，但是過了一整天，這些香水蓮開始垂頭喪氣、彎下腰來，只有幾朵略為綻放開來，其餘的都還是閉合狀態（見 P.166 的紀錄照）。

　　這種狀況讓我開始思考，為什麼無法順利綻放呢？而以現有的植材狀況，該如何進行蒸餾？一般來說，花朵類的芳香揮發性成分，會在花朵綻放前慢慢開始累積，累積到最大量時，花朵便會綻放開來。像是酯類、倍半萜類，這些香氣成分要在花朵綻放後才會揮發出來，意思就是「花開才會香」，當花閉合時是沒有香味的。那如果硬把花掰開呢？雖然心中知道答案是否定的，但是迫於無奈，我還是硬把這批無法綻放的香水蓮花掰開，然後進行蒸餾，當然，所得到的純露香氣與品質都不好。

香水蓮花　植材預處理

　　某次在蒸餾課程中經由學員介紹，發現宜蘭羅東也有香水蓮農田，隨即前往羅東拜訪這位香水蓮農人。羅東這裡種植黃色品種的香水蓮花，說真的這些九品蓮花的香氣與一般花香有很大的不同，它的香是一種非常獨特的氣味，因為缺少某些濃烈的氧化單萜和氧化倍半萜類成分，所以香水蓮花的香氣顯得淡雅，而頗具特色。

　　香水蓮花的莖與花都可以食用，花梗剝開會有濃稠的黏液，富含膠原蛋白的成分，養顏美容。農場主人說，將花梗切絲跟肉絲一起炒，就是道美味的佳餚。這裡的香水蓮同樣不使用農藥，因此有乾燥的香水蓮可供泡茶飲用。

　　當天我帶回了 50 朵黃色香水蓮，隔天，含苞的香水蓮花陸續綻放，開得超美，開得放肆，與我第一次所訂購的紫色香水蓮簡直是天壤之別。第一次與第二次訂的香水蓮花為什麼會有這麼大的差異？我猜想最有可能的因素就是運送環境影響，所以建議讀者在購買或採收香水蓮花時，運送條件一定要多花點心思。

首次處理還未開放的香水蓮花，可能因為運送環境不良，花朵開放狀態不如預期，只有一兩朵略為綻放，其它植株都垂頭喪氣，花朵也無法順利打開。

香水蓮花採摘下來的時候，一般來說都會帶著長長的花梗，其實花梗也是非常有利用價值的部位，只是因為要蒸餾的是花朵精油與純露，所以還是單獨將花朵從花萼底端剪斷，剔除下方的花梗部位。

剔除的花梗部位不進行蒸餾，可以有其他的利用（請參閱小分享），至於花梗是否可以蒸餾，其中又含有什麼揮發性成分，因為寫這本書時查找不到相關的文獻，只好暫時把它放在等待進一步研究的分類中，若有研讀到相關文獻資料時，再補充到網路上分享給各位。

不同顏色的香水蓮花，它的含油率與揮發性成分是不同的，也就是香氣會有所不同，但是差異性不大。有實驗結果表示，紅色的香水蓮花含油率 0.112%，紫色的香水蓮花含油率則是 0.105%，兩者相差非常小。另外，關於萃取出來的揮發性成分，主要的揮發性成分都是相同的，只是相對含量有一點差異；次要的揮發性成分則是互相都有獨有的成分與缺少的成分，但是總體來說，兩者的揮發性成分是「同多異少」。基於以上的原因，我並沒有建議要挑選同種顏色的香水蓮花進行蒸餾，以不同顏色混合蒸餾也可行。

一定要在香水蓮花的花朵完全綻放的狀態下才能蒸餾，把綻放的香水蓮花（無論是花瓣或花萼）都剪成適當大小的塊狀，也可以用刀子切成小塊，越小的體積，對出油率與蒸餾的成效越有幫助。

採摘下來的香水蓮花，花朵還未完全綻放。

完全綻放的香水蓮花，處於蒸餾花朵的最佳狀態。

分解的香水蓮花。去除葉片、花梗，取整朵盛開的花進行蒸餾。

香水蓮花 蒸餾要件

植材的料液比 ＝ 1：5 ～ 1：6

　　香水蓮花秤重後，加入的蒸餾水比例約在香水蓮花重量的 5 ～ 6 倍之間。花朵類的精油含量較少，蒸餾花朵類的精油、純露，感官評鑑上的重要因子就是香氣，所以蒸餾新鮮花朵，添加的蒸餾水比例不會太多，接收的純露量也會比較少，以確保所收集到的產物香氣及活性成分處於飽和的狀態。

　　也就是說，蒸餾中可以接收到富含香氣成分的純露量是有限的，添加過多的蒸餾水，並不能加大產物的量，反而會影響精油與純露的萃取收率與品質；而添加的蒸餾水比例過低，則無法將植物裡的揮發性成分萃取完整，所以蒸餾水比例請按照建議值去添加。

例　料：香水蓮花 200g
　　　液：蒸餾水 1000ml ～ 1200ml

準備蒸餾的紫色香水蓮花。

蒸餾的時間 ＝ 120 分鐘～ 180 分鐘

　　蒸餾香水蓮花的時間與速度，可以控制在 3 個小時以內。蒸餾花朵類純露，首重產物的感官香氣，所以我們都會控制蒸餾的火力，盡量放慢蒸餾的速度，免得加熱速度過快過猛，破壞了花朵類對熱較為敏感的成分，造成產物的香氣評鑑、品質不佳。

　　在其他蒸餾條件都相同的狀態下，蒸餾時間 3 個小時，香水蓮花精油的萃取量幾乎已經到達最高，繼續延長蒸餾時間，所能萃取到的精油量只有非常些微的增加，幅度不大。考量效率與各項成本，3 個小時是最佳的蒸餾時間。

蒸餾注意事項

a. 香水蓮花的精油，比重比水輕，可以選擇「輕型」的油水分離器。

b. 香水蓮花精油的萃取率大概在 0.01% 左右，所得純露的芳香氣味非常獨特，只有淡雅的香氣，與其他花朵類比較濃郁的香氣有很大的不同。

c. 「共水蒸餾」時加入 5% 氯化鈉，可以提高一點香水蓮花精油的出油率，使用「水上蒸餾」的方式時也可以添加，但是添加後的效果會比使用「共水蒸餾」的方式差。

香水蓮花・精油主要成分（水蒸氣蒸餾法萃取）

成分	百分比
苄醇 /Benzyl alcohol	28.22%
8- 十七碳烯 /8-Heptadecene	8.47%
6,9- 十七碳二烯 /6,9-Heptadecdiene	19.27%
2- 十七酮 /2-Heptadecenone	8.09%
正十五烷 /n-Pentadecane	6.14%
正二十一烷 /n-Henicosane	3.66%
正十六烷酸〔棕櫚酸〕/ Hexadecanoic acid	1.33%
葉綠醇 /Phytol	1.62%

植材資訊　隨緣蓮花休閒農莊
宜蘭羅東鎮北成里（路）二段 176 號
03-953-1658

Florist's
Daisy

2-9
杭菊

學名 / *Chrysanthemum morifolium Ramat.*
別名 / 滁菊花、毫菊、貢菊、懷菊花
採收季節 / 每年 10 到 12 月
植材來源 / 苗栗銅鑼農會
萃取部位 / 花朵

_ 菊花為菊科植物的乾燥頭狀花絮，在傳統的中醫藥典裡面，具有散風清熱、平肝明目、清熱解毒的功效，可用於風熱感冒、頭痛眩暈、眼目昏花等症狀。

_ 菊花按照不同的產地和加工方法，可以分為杭菊（杭白菊、杭黃菊）、毫菊、懷菊、貢菊等。中醫認為，杭白菊具有養肝明目、健脾健胃、清心、補腎、潤喉、生津、發散風熱、清熱解毒和調整血脂等功效。

_ 杭白菊又稱為杭菊、甘菊或茶菊，杭菊的花色清香幽雅，花色玉白，花型美麗，用來沖泡成菊花茶，茶湯澄清，顏色淺黃，氣味清香，中國素有「西湖龍井，杭州貢菊」的美譽。

_ 杭菊的主要活性成分，含有精油、黃酮、多醣、氨基酸、維生素等。現代研究也證明，杭菊的花、莖、葉中都含有多種有效的化學成分，可以抗菌消炎、降血脂、抗氧化、抑制腫瘤等作用，是一種非常有利用價值與潛力的植材。

_ 依據我連續兩年去杭菊季設攤位的觀察，杭菊目前大多運用在花茶及養生食品方面，如菊花茶、杭菊雞湯、杭菊冰淇淋等，這些運用大多利用杭菊成分中的水溶性非揮發性成分，對於杭菊的精油、純露的提取，也就是杭菊的揮發性活性成分的運用相對比較少。剛好，我們藉由蒸餾實作萃取的杭菊精油、純露，能將這些揮發性的活性成分，運用在生活與保健之中。

苗栗銅鑼的杭黃菊。

杭白菊。

小分享

　　春夏生長、秋冬開花的作物：杭菊，是臺灣苗栗縣銅鑼鄉最重要的經濟作物之一，苗栗縣銅鑼鄉因為日夜溫差大，濕度、土壤條件都很適合杭菊栽種，種出來的杭菊花品質極優，是臺灣產杭菊花最大的產地。

　　2018 年 11 月初，我打了電話到銅鑼鄉農會，電話接通之初，完全沒有概念該找誰？該怎麼表達來意？支支吾吾講了一大串，善解人意的農會小姐終於瞭解了我的來意，知道我想要買花，還要有花田讓我去拜訪並且向我解說。這時對方將電話轉給了農會葉主任，我便與他約定了時間，前往一年一度的杭菊花季。

　　為什麼稱為杭菊呢？葉主任這樣說：「中國杭州為大量種植菊花的地區，也是早期菊花的集散地，久而久之人們就將其統稱為杭菊。當中的白菊、黃菊除了顏色不同外，功效也有所差異。」白、黃兩種菊花都有平肝明目、清熱解毒的功效，但是效用強度有些微不同。

　　杭菊花從種植到收成，全都需要人力操作，無法使用機器；採收之後，需要整整 24 個小時持續乾燥，製程耗人工、耗能源。在農藥的使用規範中，目前是無毒的階段，銅鑼鄉農會每一年所舉辦的杭菊花季活動，個人認為可算是臺灣做得很成功的農業推廣活動之一，讀者可把握花季時間前往（每年 11 月間）。

我在乾燥廠房中見到一位員工正在挑揀白菊，將許多顏色呈現褐色的杭菊花剔除，好奇問了葉主任為什麼要這樣挑選？他說這些杭白菊因為泡過水而變色，賣相不佳，所以必須淘汰，原因是摘採的工人在鮮花裡灌了水，為了要讓鮮花重量變重，這樣領的工錢才多。（採花的工資計算是以花的重量來計算）。

我心感訝異之外，也馬上詢問這些泡水的杭菊可以便宜賣我嗎？畢竟我們回去當天做蒸餾也是會浸泡啊！所以泡過水的這些花朵對我們要做蒸餾的用戶，根本沒有影響。

所以，當天我以一斤約 200 元的價格（新鮮杭菊售價約一斤是 250～300 元），開心購買了 5 斤這些他們所認為的「瑕疵品」。這些泡過水的杭菊花，製成乾燥的菊花後賣相當然不佳，但對於拿來製作純露的我，浸泡過後濕潤的杭菊花，完全不會影響蒸餾的品質，杭菊的預處理程序中，預先浸泡還可以提升得油率呢！

杭菊的採收完全只能靠人工，無法用機器取代。

製作杭菊花茶的製程中所用的乾燥設備。乾燥杭菊的方式是熱風乾燥，能源成本相當高。

工作人員正忙著挑出水損變色的杭菊花。

苗栗銅鑼的杭白菊。

被水浸泡後的杭菊顏色變成褐色，若製成杭菊花茶賣相不佳，會被當瑕疵品挑出。

杭菊 植材預處理

杭菊取得的最佳時機，就是請讀者們注意「銅鑼杭菊季」的日期。農會會計算當年花況，依照花況安排當年「杭菊季」的日期，在杭菊季的前後幾週，陸續開始會有杭菊的採收，我們可以在這個時段，安排植材取得兼踏青的一日行程，直接到臺灣最大的杭菊產地銅鑼鄉去購買植材。

到了產地後，可以購買新鮮採摘下來、還沒烘乾的杭菊，因為節省了大量的烘乾能源成本，價格上會比烘乾後的便宜許多。還有，杭菊花若是碰到水，花朵顏色會變成咖啡色，但這並不會影響蒸餾產物的品質。

由於杭菊只有產季區間能買到新鮮的，建議一次購買多一點的量。根據經驗，一回家立刻把新鮮杭菊真空包裝，放到冰箱冷凍保存，放個半年、一年再拿出來蒸餾，所得到的產品在感官評鑑上幾乎與新鮮的無異。

杭菊在預處理的部分，並沒有太多繁瑣的工序，因為杭菊必須用人工進行採摘，也就是像人工採收茶葉一般，以一心二葉的長度一株株細心採收；杭菊也是一樣，完全仰賴人工一朵朵將花朵折斷，所以在產地購買到的杭菊花，都不會保有過長的花梗或是花況不佳的產品。

嬌小可愛，香氣迷人，
功效強大的杭菊花。

另外，杭菊花很小，所以不需要再把它剪成小塊狀或用粉碎機粉碎。依照我的實作經驗，粉碎後與全朵杭菊花進行蒸餾的結果，在萃取收率上並無明顯差異。所以預處理過程也就剩下一個重點——蒸餾前要先浸泡 10 個小時以上——就能夠獲得最佳的精油萃取收率。

杭菊在蒸餾前要浸泡 10 個小時以上，最長則以不要超過一天為限。有文獻實驗證明，杭菊浸泡時間與精油萃取率的關係，在浸泡 10 小時到達最高收率，而浸泡 10 小時後到 24 小時這個區間，精油的萃取收率並無增加。

秤取要蒸餾的杭菊重量，選擇大小合適的容器，添加杭菊重量 10 倍到 14 倍的蒸餾水，重點是水面要能夠完全淹沒過植材。杭菊在吸收水分後，可以觀察到它會立刻膨脹起來，可以吸收大量的水分，添加完適量的蒸餾水後，將容器密封，放置於室溫中或冰箱中皆可，時間到後取出蒸餾。

杭菊

蒸餾要件

共水蒸餾中的杭菊花。

銅製蒸餾器，準備以水上
蒸餾法蒸餾杭菊花。

植材的料液比＝ 1：10 ～ 1：14

蒸餾杭菊時的料液比例，參考文獻與多次實作經驗，建議的
料液比例為 1：10 ～ 1：14 之間。

杭菊在進行預處理的階段，就先量取植材 10 到 14 倍重量的
蒸餾水浸泡，浸泡程序完成後，如果你選擇使用的是「水上蒸
餾」法，就將浸泡過吸滿水分的杭菊先行瀝水，再置於蒸餾器
上方放置植材的位置，而瀝下來浸泡過杭菊的蒸餾水，直接添
加到蒸餾器下方蒸餾水的位置即可；如果你選用的是「共水蒸
餾」的方式，可以直接在蒸餾器中進行浸泡的工序。

另一點提醒就是，當你使用「共水蒸餾」款式的蒸餾器時，
必須先考量植材與水充填進去後的總體積。一般共水蒸餾，植
材與水的充填範圍在容器容量的 1/3 ～ 2/3 之間，過低或是過高
的充填比例都有缺點，所以這個充填容量的上下限，可以當成
蒸餾器的「有效充填範圍」。

充填的比例過滿，上方空間不足，容易讓沸騰的液面過高，
造成未完全氣化的蒸餾水或是蒸餾底物被帶進蒸餾產物中的污
染現象；充填的比例過低，容易造成植材在蒸餾過程中直接接
觸到容器受熱底部，產生過度加熱或是燒焦的現象。

例　料：杭菊花 200g
　　液：蒸餾水 2000ml ～ 2800ml

蒸餾的時間＝ 180 分鐘～ 360 分鐘

杭菊精油與純露的蒸餾時間，依據經驗大約落在 180 到 240 分鐘。但是，為什麼在上方的建議時間又可以拉長到 360 分鐘呢？因為有文獻的實驗證明，蒸餾杭菊花的精油萃取率，在其他蒸餾要件都相同的狀態下，蒸餾時間從 4 小時到 13 個小時，精油萃取率從 0.28% 一直上升到 13 小時的 0.45% 最高。

也就是說，蒸餾時間在 13 個小時以內，精油的萃取收率與時間都是成正比的關係。但是，如果一個蒸餾的時程要超過 4 個小時，甚至長達 13 個小時，相對要付出的時間成本、燃料成本也要往上加。

特別要考慮的是，蒸餾過程中都無法離開蒸餾器，時間太久確實也很不方便。所以，除非是商業大規模生產，精油收率的每一個小數點都影響很大的狀態，一般我都會建議蒸餾時間不要超過 4 小時，比較合情合理。

蒸餾注意事項

a. 杭菊的精油比重比水輕，可選擇一般「輕型」的油水分離器。
b. 杭菊的精油含量不高，實作中雖然可以明顯見到純露中呈現混濁狀，代表富含精油混溶於其中，但是蒸餾結束後，並沒有觀察到明顯的精油層，所以實作中也可以省略使用油水分離器，直接接收杭菊純露。

杭白菊花・精油主要成分（水蒸氣蒸餾法萃取）

龍腦 /Borneol	1.54%
樟腦 /camphor	1.40%
乙酸龍腦酯 /Bornyl acetate	1.21%
β- 欖香烯 /β-Elemene	1.22%
正癸酸 /Decanoic acid	1.09%
反式 -β- 金合歡烯 /trans-β-Farnesene	2.35%
薑黃烯 /Curcumene	2.66%
β- 紅沒藥烯 /β-Bisabolene	1.95%
β- 杜松烯 /β-Cadinene	1.90%
石竹烯氧化物 /Caryophyllene oxide	7.39%
β- 馬欖烯 /β-Maaliene	4.56%
香樹烯 /Alloaromadendrene	2.27%
α- 木香醇 /α-Costol	1.13%
α- 香檸檬烯 /α-Bergamotene	1.29%
棕櫚酸 /Palmitic acid	1.19%

植材資訊　苗栗縣銅鑼鄉農會
苗栗縣銅鑼鄉永樂路 22 號
03-798-1008

Sweet
Osmanthus

2-10
桂花

學名 / *Osmanthus fragrans*
別名 / 木犀、木犀花
採收季節 / 每年 8 到 10 月
植材來源 / 新北市直潭區
萃取部位 / 花

_桂花 *Osmanthus fragrans* Lour. 也稱為木犀花、山桂、岩桂、九里香，屬於木犀科 Oleaceae 木犀屬 Osmanthus，為常綠闊葉灌木或喬木，樹幹硬且有紋路，質感類似犀牛角而得名。

_桂花是中國傳統十大名花之一，具有極高的觀賞與實用價值。其品種區分依照開花季節，將桂花分為四季桂和秋桂兩大類，秋桂再按花色區分為金桂類 Thunbergii Group 、銀桂類 Latifolius Group 和丹桂類 Aurantiacus Group 3 個品種群，其下再劃分出名稱各異的許多品種。

_秋桂的花期一般來說在農曆 8 月，故有「八月桂花香」的說法，秋桂開的花期較短，大約只有 5 ～ 10 天左右；而四季桂則在一年之內可以開花數次，夏季開花較少，秋季到春季間開花較為繁盛。四季桂的植株與秋桂相比相對矮小，呈現灌木狀，常應用在矮籬笆、盆栽、單棵種植等。

_依照花朵顏色，可以簡單辨別桂花的品種：
1. **金桂**：花色為有深有淺的黃色，香氣極為濃郁。
2. **銀桂**：花色呈現白色或淡黃色，香氣較淡。
3. **丹桂**：花色為橘紅色或橘黃色，香氣也較淡。
4. **四季桂**：花朵顏色為淡黃色，香氣也不似金桂般濃郁。四季桂也是臺灣最常種植的品種。

大阪黃金桂花。

盛開中的桂花。桂花的花朵很小,採摘比較費工夫,也很容易一碰就掉。

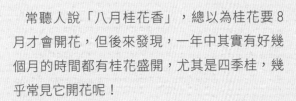

小分享

常聽人說「八月桂花香」,總以為桂花要 8 月才會開花,但後來發現,一年中其實有好幾個月的時間都有桂花盛開,尤其是四季桂,幾乎常見它開花呢!

桂花生長韌性強,不太需要特別的照顧,所以馬路上也可看見以桂花作為行道樹。桂花不僅是一種觀賞用花卉,同時具有一定的實用價值與藥用價值。詩人王維的〈鳥鳴澗〉寫到:「人閒桂花落,夜靜春山空,月出驚山鳥,時鳴春澗中。」形容了桂花落下的閒適與恬靜,也說明桂花予人那股優雅空靈的感覺。

友人家中種了 4 棵桂花,花況極佳,於是我前往自摘桂花。桂花在食材領域的應用算豐富,有添加桂花的香腸、桂花花茶、桂花醬、桂花包種茶等等,這些運用鎖定的都是桂花清新馥郁的花香。

自己摘花對我這習慣都市生活的人來說,是一個非常新鮮好玩的行程。友人自家庭院種的桂花,完全不用任何農藥,自然不用擔心植材會有農藥殘留的問題,但也正因為不施任何化學藥劑,一邊摘花還要一邊留意來採花蜜的蜜蜂,還有蜘蛛、小蟲,全自然的環境讓昆蟲生態十分豐富。

這 4 棵盛開的桂花,讓我有了足夠花材來蒸餾。讀者如果鍾情於桂花的香氣,又不像我這麼幸運,有朋友的庭院桂花可採,我介紹「屏

東芹勝園」給大家，園區裡所種植的桂花也是
不使用農藥、讓其自然生長的「友善種植法」。

　　桂花的花朵很小，只能依賴人工採摘，採摘
時花朵又很容易掉落，每天能採摘的數量真的
很有限，費時又費工，除了屏東芹勝園以外，
我還找不到第二家願意採收桂花後不加工，直
接銷售桂花給消費者的小農。

桂花 植材預處理

友人院裡的桂花老
欉，樹高已達6米，
長在高處的桂花還
得出動「鋁梯」才
摘得著。

桂花花小數量多，
花為總狀花序，花
序的頂端長在葉子
的腋下，增加了採
收的難度。

桂花的採收很費
工，花朵嬌小、
一碰觸又很容易掉
落，不過看到手掌
心上香氣滿滿的嬌
客，瞬間忘記疲憊。

小知識：桂花中的丹寧是什麼？

單寧又稱為鞣質，是一種天然的酚類物
質，通常稱為鞣酸或單寧酸，存在於很
多環繞在我們生活周遭的植物、水果和
飲品之中，如葡萄、柿子、茶葉和紅酒
等。單寧酸會帶來酸澀口感，而柿子是
單寧酸含量最高的水果，所以新鮮採摘
後會太澀而無法直接食用，需先經過脫
澀處理後才可以吃。紅酒內也飽含單寧
酸，所以剛開瓶的紅酒喝起來較澀，放
置一段時間，讓酒與空氣接觸，單寧酸
漸漸氧化後，澀味也會漸漸消失，所謂
的「醒酒」就是這個意思。

單寧酸對人體具有抗菌、抗氧化和預防
心血管疾病的作用，但是不可以過量，
因為過量的單寧酸會產生一些抗營養的
作用，食用過多會引起體內維生素 A 含
量減少，也會干擾維生素 B 的利用，以
及鈣、鐵等物質的吸收。

有優良的植材才能蒸餾出品質優良的產物，不同時期採收的植材，所含的揮發性成分都會有差異，對於鮮花類植物來說，採收的時機更是非常關鍵。

從關於桂花的研究中發現，它在不同開花時期的香氣有所差異，這香氣的差異就證明了不同的桂花在不同的開花時期，所含的揮發性成分也不同。所以，找到桂花最佳的採摘時機，是蒸餾出最佳桂花精油與純露的關鍵。

桂花的花期一般可以持續 7 ～ 10 天左右，有文獻研究表示，若是簡單將整個桂花花期區分為「初花期」（大約有 10% 的桂花已經開放，大部分還呈現半閉合狀態），「盛花期」（ 70% 以上的桂花已完全綻放），以及「末花期」（盛花期後 1 ～ 2 天，已開始有少量落花）三個階段，研究結果證明，桂花精油的含量以「初花期」為最高，其次是「盛花期」，「末花期」的精油含量則是最少的。

除了精油含量以初花期為最高，大多數賦予桂花香氣的揮發性成分（β- 紫羅蘭酮、二氫 -β- 紫羅蘭酮、芳樟醇、δ- 癸內酯），也在初花期的含量達到最高，這表示初花期的桂花香氣特別濃郁、持久，蒸餾出來的精油與純露，香氣品質也會特別好。所以，我們在桂花花期中，最佳的採摘時機，就在大約只有 10% 桂花完全開放，其餘都還處於半閉合狀態的「初花期」。

新鮮採摘的桂花，香氣極易損失，如果不能立刻進行蒸餾，最為簡便正確的保存方法是放置在冰箱冷凍保存（-10℃至 -20℃）。桂花成分中含有「單寧」（見左頁小知識），容易在空氣中被氧化，形成褐色或黑色物質，鮮桂花採摘後容易變色，就是單寧氧化所導致。所以，即使冷凍保存，最好也不要超過一個月，否則桂花花瓣也將開始褐化，影響蒸餾產物的質量。

有文獻資料表示，冷凍保存的桂花蒸餾所得的精油收率，與新鮮採收的桂花只有非常些微的差距，但如果是乾燥後的桂花，那精油的萃取收率就會大幅度下降，大約只有新鮮桂花蒸餾收率的 1/2。所以採摘下來無法立即進行蒸餾的桂花，採用冷凍保存會比乾燥後保存更加合適。

新鮮採摘的桂花，蒸餾前可先浸泡數小時到隔夜，能略為提升精油萃取收率。

桂花

蒸餾要件

植材的料液比＝1：4～1：5

桂花的精油含量較低，所以添加的蒸餾水不宜太多，大約採用1：4～1：5的比例添加。

浸泡有助於提高桂花精油的萃取收率，將新鮮採摘下來的桂花，盡可能去除不要的枝葉，然後選擇大小合適、有蓋可以密封的容器，將桂花置入容器中，按照上述比例添加蒸餾水。桂花的花朵很小也很輕，添加水後通常會浮在水面上，我們可以搭配攪拌或是蓋上蓋子加以搖晃，盡量讓容器中的桂花都能充分接觸、吸滿水分，最後密封置於室溫下或冰箱冷藏都可以。先進行幾個小時或隔夜的浸泡，再蒸餾。

例

料：桂花 200g
液：蒸餾水 800ml～1000ml

採摘下來的新鮮桂花，先挑出一些雜質與品相不佳的花朵。

桂花蒸餾前先浸泡。

2020 年 3 月 3 日以新鮮桂花蒸餾，植材取自新店直潭。

蒸餾的時間＝ 120 分鐘～ 180 分鐘

桂花屬於花朵類植材，精油含量較少，蒸餾產品著重於感官的香氣，所以我們可以將蒸餾的熱源關小，放慢蒸餾速度，加長蒸餾時間，讓植材中的香氣活性成分，在比較緩和的加熱環境下慢慢蒸餾出來，減少熱對於這些成分的破壞，可以獲得感官評鑑較佳的桂花精油與純露。

蒸餾注意事項

a. 淡黃色的桂花精油比重比水輕，可選擇一般「輕型」的油水分離器。
b. 桂花精油的萃取率約在 0.15%～0.07% 左右。
c. 桂花的精油含量很低，除非植材的量很大，否則就算使用油水分離器，也很難累積足夠的精油層來分離，所以實作中可以省略使用油水分離器，直接接收桂花純露。

臺灣桂花・精油主要成分（水蒸氣蒸餾法萃取）

二氫 -β- 紫羅蘭酮 /Dihydro-β-ionone	58.1%
β- 紫羅蘭酮 /β-ionone	27.7%

臺灣桂花・純露主要成分（水蒸氣蒸餾法萃取）

β- 紫羅蘭酮 /β-ionone	61.63%
二氫 -β- 紫羅蘭酮 /Dihydro-β-ionone	16.01%
芳樟醇 /Linalool	13.78%

金桂・精油主要成分（水蒸氣蒸餾法萃取）

氧化芳樟醇 /Linalool oxide	4.16%
芳樟醇 /Linalool	2.06%
香葉醇（牻牛兒醇）/Geraniol	8.55%
α - 紫羅蘭酮 /α -ionone	5.90%
β- 紫羅蘭酮 /β-ionone	20.61%
β- 二氫紫羅蘭酮 /Dihydro—β-ionone	1.40%
δ- 癸內酯 /δ-Decalactone	3.13%
環氧芳樟醇（雙花醇）/Epoxylinalool	1.96%
二氫獼猴桃內酯 /Dihydroactinidiolide	5.89%

銀桂・精油主要成分（水蒸氣蒸餾法萃取）

氧化芳樟醇 /Linalool oxide	2.24%
β - 紫羅蘭醇 /β -ionol	2.36%
α- 紫羅蘭酮 /α-ionone	0.99%
β- 紫羅蘭酮 /β -ionone	5.29%
δ- 癸內酯 /δ-Decalactone	6.32%
環氧芳樟醇（雙花醇）/Epoxylinalool	2.00%
二氫獼猴桃內酯 /Dihydroactinidiolide	5.74%

四季桂・精油主要成分（水蒸氣蒸餾法萃取）

氧化芳樟醇 /Linalool oxide	1.53%
芳樟醇 /Linalool	1.34%
香葉醇（牻牛兒醇）/Geraniol	8.50%
α- 紫羅蘭醇 /α-ionol	1.49%
β- 紫羅蘭醇 /β-ionol	8.46%
α- 紫羅蘭酮 /α-ionone	0.80%
β- 紫羅蘭酮 /β-ionone	1.30%
β- 二氫紫羅蘭酮 /Dihydro—β-ionone	0.95%
δ- 癸內酯 /δ-Decalactone	1.95%
丁香酚 /Eugenol	0.98%
橙花叔醇 /Nerolidol	0.65%

植材
資訊　　臉書搜尋：寶貝香氛

Lemon Mint
Marigold

2-11

香葉萬壽菊

> 學名 / *Tagetes lemmonii*
> 別名 / 芳香萬壽菊、臭芙蓉
> 採收季節 / 全年
> 植材來源 / 花、葉、全株（根部除外）
> 萃取部位 / 自家

_香葉萬壽菊為菊科 Asteraceae 萬壽菊屬 Tagetes 植物。萬壽菊屬植物大約有 30 個不同的品種，廣泛分布在南美洲熱帶及亞熱帶地區，臺灣中部、南投、新社也都有比較大範圍的栽種。

_香葉萬壽菊在秋冬開花，花朵為金黃色、由 5 ～ 8 片花瓣組成，植株高度在 40 ～ 70 公分，葉子為羽狀複葉、對生，形狀為狹長的橢圓形或披針形，葉片背面有明顯的油腺小黑點。全株植物散發出類似百香果的特殊香氣。萬壽菊屬植物的花部、葉部甚至全草皆具功效，其精油或萃取物常被運用。在食品界常被作為香料、顏色（橘色）添加或泡茶飲用，在香水香精產業當成調香使用，而芳香療法的領域中，也有廣泛運用。

_萬壽菊屬植物是常見可以拿來 DIY 蒸餾的植材，由於不同品種的萬壽菊所得的精油揮發性成分不盡相同，以下分享幾個常見品種，選擇植材前，先分辨清楚要蒸餾的植材是哪個品種後，再查找相關資料。

1. **香萬壽菊 Lemon Mint Marigold**，學名 *Tagetes lemmonii*，
   別名香葉萬壽菊、防蚊草。
2. **萬壽菊 African Marigold**，學名 *Tagetes erecta*，
   別名臭芙蓉、蜂窩菊。
3. **孔雀草 French Marigold**，學名 *Tagetes putula L.*，
   別名細葉萬壽菊。
4. **甜萬壽菊 Sweet Marigold**，學名 *Tagetes lucida*，
   別名墨西哥龍艾。

小分享

　　香葉萬壽菊是一種容易種植也容易阡插繁殖的香草植物，氣味強烈，手掌只要輕摸就會沾染上它的氣味。原生植物的氣味我不太能接受，但神奇的是，它所蒸餾出的純露有著濃濃的百香果氣味，蒸餾過程中整個空間都會飄散百香果香；近年來有製茶業者將香葉萬壽菊添加至茶包中，或單獨製成香草茶包，成為茶飲的另一種新選擇。

　　市場上販售的香葉萬壽菊精油，萃取部位大都是選用花朵，而我是選用葉片來進行蒸餾。其實香葉萬壽菊葉子部位所含的活性成分與花朵所含的活性成分差異並不大，所以無論取材的是香葉萬壽菊的葉子、花朵、甚至取用全株植物，其實都是可以的。

花期中的香葉萬壽菊。

香葉萬壽菊的花序與葉片形狀。

香葉萬壽菊葉片背面的小黑點就是它的油腺。

香葉萬壽菊 植材預處理

　　新鮮與乾燥後的香葉萬壽菊，花、葉可以單獨蒸餾，也可以全株植材進行蒸餾。選擇植材的部分，簡單分成幾個不同的方式。

1. 香葉萬壽菊花期盛開時，單獨採取香葉萬壽菊的花蒸餾。
2. 單獨採摘香葉萬壽菊的葉子蒸餾，或採收整株蒸餾。
3. 花季時，採收帶花的全株香葉萬壽菊蒸餾。

　　香葉萬壽菊每個部位都有利用價值，各部位「主要揮發性成分」（指佔整體含量 50% 以上的成分）相同，只有一些「次要性」的成分不相同，所以單獨蒸餾或全株蒸餾都可以。葉子含油率最高、其次是花、莖。

　　在香葉萬壽菊未開花的時候，莖、葉的含油量最多，花期時這兩者的含油量會下降。若是以蒸餾葉子所得的精油收率來進行比較，秋季採收的香葉萬壽菊葉子精油的收率要高於春季所採收的葉子，在抗氧化的能力上，也是以秋季採收的葉子比較好。

　　單獨蒸餾新鮮葉子所萃取的精油與純露，味道帶有新鮮葉片的「青」味，而在花期時混合新鮮的香葉萬壽菊花一起下去蒸餾，萃取

剪取香葉萬壽菊。

採收下來帶有花序的
香葉萬壽菊。

將香葉萬壽菊的莖葉剪
成小段狀。

的精油與純露在感官香氣上的評鑑，會因為增加了花朵揮發性組分的影響，整體香氣優於單獨蒸餾葉子。

不嫌工序麻煩的話，分開採摘，再混合較高比例的花朵與葉子進行蒸餾是最佳的方法，或是直接在花期採摘帶花的全株植材進行蒸餾，全株植材蒸餾的得油率，會因為莖部的含油率較低而變低。

有實驗文獻指出，新鮮與乾燥後的香葉萬壽菊蒸餾出的精油，兩者揮發性成分沒有明顯差異，所以也可以將新鮮香葉萬壽菊乾燥保存，再進行蒸餾。

比較簡單的乾燥方法，就是類似乾燥花的製造方式，將植株取適當長度剪斷，然後底部用繫繩綑綁，倒掛在室內或陰涼處，使其漸漸脫水乾燥。等要進行蒸餾時，再取乾燥後的植材預處理後蒸餾。與新鮮的香葉萬壽菊一樣，乾燥的香葉萬壽菊可以分開蒸餾，也可以全株進行蒸餾。

新鮮的香葉萬壽菊，花朵、葉片可以直接裝入蒸餾器蒸餾，若是全株香葉萬壽菊則將其剪成合適長度即可，不需要先行浸泡；乾燥的香葉萬壽菊在蒸餾前可先浸泡，浸泡時間約 2 小時，香葉萬壽菊的浸泡時間對得油率的增加沒有明顯影響，但先浸泡植材對於蒸餾時的熱量傳導確實有幫助，所以建議先浸泡。

香葉萬壽菊花可以單獨蒸餾，也可以和全株植材一起蒸餾，不需要特別分離。

香葉萬壽菊蒸餾準備中。

剪成適當粉碎度的香葉萬壽菊，便可以裝入蒸餾器中蒸餾。

香葉萬壽菊 蒸餾要件

植材的料液比 = 1：6 ～ 1：8

新鮮的香葉萬壽菊，不論是花朵、葉片或全株蒸餾，因為植材還富含水分，蒸餾前都不需要先浸泡，且添加的料液比例也都一樣，建議以 1：6 ～ 1：8 添加蒸餾水。

乾燥的香葉萬壽菊，建議先進行 2 小時的浸泡，再添加 1：8 範圍內的蒸餾水進行蒸餾。

例 料：香葉萬壽菊全株 200g
液：蒸餾水 1200ml ～ 1600ml

蒸餾的時間 = 180 分鐘～ 240 分鐘

蒸餾時間最佳建議為 240 分鐘。有文獻實驗表示，蒸餾時間在 240 分鐘之前，蒸餾出的精油都跟蒸餾時間成正比，蒸餾時間在 240 分鐘後，則精油萃取收率沒有明顯上升。所以建議把時間控制在 4 個小時，超過 4 小時對於提高收率並沒有幫助，反而會降低整體產物的品質與浪費能源。

蒸餾注意事項

a. 新鮮與乾燥的香葉萬壽菊精油，比重都比水輕，可以選擇「輕型」的油水分離器。
b. 收集到的香葉萬壽菊精油，為透明黃色帶一點點淺淺的綠。
c. 香葉萬壽菊精油比重和水非常接近，含油率不低，純露會呈現混濁狀，靜置等待油水分離的時間要長一點。
d. 全株蒸餾的香葉萬壽菊精油，得油率平均在 0.10% ～ 0.35% 之間。
e. 香葉萬壽菊純露有很明顯的百香果香氣。
f. 加入 2% 的氯化鈉，可以提升得油率。

香葉萬壽菊‧精油主要成分（水蒸氣蒸餾法萃取）

二氫萬壽菊酮 /Dihydrotagetone	41.16%
馬鞭草烯酮 /Verbenone	15.86%
3- 叔丁基苯酚 /3-tert-Butylphenol	17.72%
順式萬壽菊酮 /cis-Tagetone	4.72%
反式萬壽菊酮 /trans-Tagetone	8.27%
反式 -β- 羅勒烯 /trans-β-Ocimene	5.00%
大根香葉烯 D/Germacrene D	1.05%

植材
資訊

新北市新店果園
新北市新店區莒光路
Line ID: twchen0730

Pomelo
Flower

2-12

白柚花

學名 / Flowers of Citrus maxima
採收季節 / 每年 3 到 4 月間
植材來源 / 新北市坪林區
萃取部位 / 花朵

_ 柚子是芸香科 Rutaceae 柑橘屬 Citrus 常綠喬木果樹，花、葉、果皮皆可提取精油；白柚花則是植物柚的花朵，香氣濃郁怡人，同時還具有清熱解毒、行氣除痰的功效。

_ 白柚花的花期約在每年 3 至 4 月間，當白柚花開時，果農為了取得品質較佳的柚子果實，在這個階段會進行「疏花」的動作，這個時候會有大量的白柚花被果農採摘下來，有些採摘下來的花會被乾燥後製成白柚花茶，有些則直接被棄置。

_ 將白柚花丟棄實在非常可惜，所以建議讀者們，可以想辦法去利用這些沒有被開發成產物的白柚花，將它蒸餾成精油與純露，讓這些寶貴的花朵被完整運用。

新北市坪林區盛開的白柚花。　　　白柚花花苞。

照片左方的白柚花，花期已過，花瓣已經掉落，這時的白柚花已經完全沒有花朵的香氣，進入醞釀結果的狀態，這樣的花朵不適合進行蒸餾。

小分享

自從 2017 年開始蒸餾製作精油、純露，找尋植材變成了一件非常重要的事，尋得白柚花，是從找尋橙花開始。橙花在芳療及香水工業裡佔了極大的位置，但是橙花卻比玫瑰花更難尋得，原因在於橙花屬於柑橘類果樹的花朵，花摘了就沒有果實可以收成；而且橙花的花朵小、重量又輕，採摘耗時又費工，站在果農的立場來說是不會摘花來販售的，一直到目前為止，我還不知道臺灣何處有大量種植柑橘類樹種又願意販售花朵的果農。

苦尋不著橙花的我，無意間在 2018 年 3 月左右，拜訪坪林山上的友人，友人家中的院子隨風飄來一股濃郁的香味，抬頭一看才發現是棵開滿小白花的柚子樹。小小的白柚花花瓣厚實、花型奇特，但就算發現可以採摘的白柚花，要採摘花朵也不是件容易的事。柚子樹一般來說都很高大，必須攀爬到樹上才能採到花朵，費了一番功夫才採到足夠蒸餾的花。

據友人透露，柚子並非高經濟價值的水果，賣價不高，產量又很大，因此有些柚子樹即使結滿了果實，果農也因為不符成本而不願多花人力去採摘，這一點倒是讓想要取得柑橘類花朵的我，發現「白柚花」是一個比較容易取得的種類。

柚子果農「疏花保果」的階段，其實是收集「白柚花」、「橙花」這類柑橘類花朵的最佳途徑與時機點，也可以增加果農收入，將原本要丟棄的花朵，蒸餾成為香氣馥郁的精油與純露，讓柑橘類果樹得到最高程度的利用效率。

在找尋資料的過程裡，發現文獻中橙花、白柚花兩種花朵的 GC-MS 測量，當中居然有許多相同的化學成分，差別只在於含量的多寡，難怪白柚花的香氣與橙花如此相像。

照片中盛開的白柚花旁有兩朵尚未綻放的白柚花苞，還沒有綻放的白柚花，花朵的香氣物質還在累積中，累積到飽和才會綻放，並開始吐露香氣，所以先別將它採下來，等它開放後再摘。

白柚花 植材預處理

　　白柚花的花期約在每年的 3 月到 4 月之間，花期不長，一旦開始開花，就要在短短一個月的花期內，趕緊採收。

　　採摘白柚花與採摘玫瑰花一樣，要挑選始花期（花苞剛開）與盛花期（花朵完全開放）的花朵，還沒有開放的花苞則先不要採摘，保留到它開始綻放後再採收。

　　採收柚花的最佳時間，也盡量挑選在早晨環境溫度還沒有完全升高之前，這時候的白柚花所含的揮發性成分還沒有大量揮發到環境中，對於蒸餾產物的品質和萃取率都比較好。

　　白柚花的花期只有一個月，如果沒有辦法立即蒸餾，保存的方法就顯得相對重要。一般保存白柚花的方式有兩種，一是採用冷凍保存，另一個方法則是將白柚花先進行乾燥，以乾燥後的狀態加以保存。

採摘下來的盛開鮮花。白柚花的花型相當獨特，花瓣的厚度與重量也比一般的花朵厚且重。

盛花期完全綻放的白柚花，花朵香氣非常濃郁。

　　這兩種方法，我比較推薦的是冷凍保存，如果能夠先以真空包裝後再冷凍，效果會更好。冷凍保存的方式比乾燥保存更為簡單方便，而且冷凍過後的白柚花蒸餾所得的精油與純露，也和玫瑰花一樣，並不會因為冷凍而造成主體香氣成分有大規模的改變，蒸餾產物的感官香氣與鮮花幾乎一致。

　　先乾燥的白柚花，蒸餾所得的精油與純露，雖然揮發性成分的組成與含量，大致上還是相同的，但與新鮮白柚花所蒸餾出來的純露相比，還是能輕易分辨出來感官香氣有所差異。所以白柚花的保存方式，推薦用冷凍保存。

　　新鮮白柚花採用「全朵蒸餾」的方式，預處理也就比較簡單，只要去除花朵下方過長的花梗即可。如果是採用乾燥後的白柚花蒸餾，可以先進行大約 30 分鐘短時間的浸泡，再移至蒸餾器蒸餾，浸泡有助於蒸餾的熱傳導與揮發性成分的萃取。

新鮮的白柚花採全朵蒸餾，
預處理時只要將過長的花梗
去除即可。

我最推薦冷凍保存白柚花，
照片中的白柚花冷凍保存約
一週，花朵的顏色、外型都
沒什麼改變。

白柚花 蒸餾要件

植材的料液比 = 1：8 ～ 1：10

在參考文獻與多次實作經驗累積下，推薦給讀者的最佳料液比例為 1：8 ～ 1：10。

我曾閱讀過文獻提到最佳料液比例為 1：15，並且把蒸餾的時間設定為 8 個小時。但依照多年實際蒸餾的經驗，文獻上建議的蒸餾時間實在是太長，所以我建議自行 DIY 的讀者，盡量把蒸餾時間縮短到 4 小時左右。因為縮短了蒸餾時間，同時也建議將料液比例縮小為 1：8 ～ 1：10。

如果如文獻所建議的 1：15 料液比，而我們把蒸餾時間縮短成 4 個小時，在 4 小時內將重量是白柚花 15 倍的蒸餾水蒸餾出來，那麼每小時蒸餾出來的量，必須是蒸餾 8 小時的兩倍，需要把加熱火力開到非常大，才能夠提供這麼大的蒸氣量。

我們都知道花朵類精油與純露中，有相當多對加熱敏感的揮發性成分，過度加熱一定會影響產物的感官香氣與成分，所以才建議把料液比例縮小為 1：8 ～ 1：10，搭配上約 3 ～ 4 小時的蒸餾時間，用比較和緩的加熱方式去進行蒸餾，維持蒸餾產物的香氣品質。

準備蒸餾的白柚花與銅製蒸餾器。

例
料：白柚花 200g
液：蒸餾水 1600ml ～ 2000ml

蒸餾的時間 = 180 分鐘～ 240 分鐘

有文獻記載，以水蒸氣蒸餾法蒸餾白柚花精油，在蒸餾 2 小時到 8 小時之間，白柚花精油的萃取率隨著時間增加而增加，而當蒸餾時間到達 8 小時以後，再繼續增長蒸餾時間無法提高精油的萃取率。這就表示，8 小時是蒸餾的終點，揮發性的成分已在 8 小時中被完全蒸餾出來，再增加蒸餾時間只是徒增生產成本。

對於一般 DIY 的讀者，一次蒸餾時間如果設定在 8 個小時，時間可能過長，所以我還是建議把蒸餾時間設定在 4 小時以內。如果有很充裕的時間，不妨在蒸餾白柚花的時候，適量延長時間，只要蒸餾時間在 8 小時以內，揮發性成分的萃取率都與時間成正比。

蒸餾注意事項

a. 白柚花精油比重比水輕，可選擇一般「輕型」的油水分離器。

b. 白柚花精油的萃取率約在 0.2% ～ 0.3% 左右。

c. 白柚花精油含量不高，除非植材量很大，否則很難累積到可以收集的精油層，可省去使用油水分離器，直接以長頸容器接收精油與純露。

d. 花朵類蒸餾，火力不宜太大，以較緩和的火力蒸餾較能得到香氣品質佳的產物。

e. 加入氯化鈉有助於白柚花精油的萃取率，添加氯化鈉的量約在蒸餾水量的 3% ～ 4% 為最佳濃度。「共水蒸餾」添加氯化鈉的效果會比較好，而「水上蒸餾」加入氯化鈉的效果會差一點。

白柚花·精油主要成分

成分	比例
苯乙醛 /Benzenacetaldehyde	1.44%
苯甲酸 /Benzoic acid	5.88%
吲哚 /Indole	0.31%
鄰胺苯甲酸甲酯 /Methyl anthranilate	3.73%
芳樟醇氧化物 /Linalool oxide	0.84%
橙花叔醇 /Nerolidol	6.25%
金合歡醇 /Farnesol	10.39%
正十六碳酸 /n-Hexadecanoic acid	3.67%
棕櫚酸乙酯 /Hexadecanoic acid ethyl ester	7.05%
植醇 /Phytol	1.07%
亞油酸乙酯 /Ethyl linoleate	9.61%
亞麻酸乙酯 /Ethyl linolenate	7.55%
硬脂酸乙酯 /Ethyl Stearate	1.07%
β- 月桂烯 /β-Myrcene	0.47%
松油烯 /Terpinene	0.60%

植材資訊	天蓭茶行
	新北市坪林區北宜路八段 180 號
	02-2665-7806

附註：柚子在每年的 3 到 4 月左右開花，新北市坪林天蓭茶行有自己種植無毒的柚子樹，讀者如果有需要白柚花，可在每年 2 月左右先向天蓭茶行預定花朵，茶行才會去採收。

Mint

2-13
薄荷

學名 / *Mentha* L.
採收季節 / 全年
植材來源 / 森農香草
萃取部位 / 葉、莖、全株皆可

_ 薄荷為唇形科 Lamiaceae 薄荷屬 Mentha 植物，多年生草本，有明顯的清涼香氣，廣泛分布在歐、美、亞各州，在臺灣的分布也很廣，是很受歡迎的庭園觀賞植物，在嘉南地區，薄荷也作為經濟作物大規模栽種。薄荷被廣泛應用在醫藥、飲食品、化妝品、香料、菸酒等領域，是一項非常重要、非常有價值的植物。

_ 薄荷喜歡潮濕溫暖的環境，耐潮濕而不太耐旱，所以在野生的環境中，我們比較容易在潮濕的水邊發現它的蹤跡。薄荷也非常易於種植，可以選擇排水性佳、富含有機質的土。薄荷喜歡日照，所以最好種植在室外，種植在室內則要不定時移去曬曬太陽，缺乏充足的日照，薄荷比較容易出現徒長的現象。

_ 薄荷屬植物精油，是全世界研究最多也最詳盡深入的植物精油之一，其精油與純露中主要的化學成份是醇、酮、酯、萜烯類化合物，而這些揮發性化合物的含量，會隨著薄荷的品種、產地、採收的季節、時間而有所不同。但一般來說，新鮮薄荷葉大概含有 0.3% ～ 1% 精油，而乾燥過後的薄荷莖葉精油，含量大概在 1.3% ～ 2%。

香氣清新的薄荷，非常適合作為蒸餾的植材。

薄荷種植在盆栽裡也非常容易生長，不妨種植幾盆來作為蒸餾植材。

已知的薄荷品種有 500 多種，森農香草園裡薄荷品種也不少，照片中的薄荷是胡椒薄荷。

小分享

薄荷是一種非常實用的香草植物，我在自家院子種植了 2 盆薄荷，它也很適合種在住家陽台，冬天可採摘放置於飲用熱水中作為香草茶，夏天則製成純露加入氣泡水裡，增添飲水的樂趣與功效。薄荷需要適當的修剪，適當修剪有助於生長。

目前對於薄荷屬植物的抗氧化活性研究比較熱門，其中薄荷屬的揮發性和非揮發性成分都顯示薄荷屬植物有良好的抗氧化活性。研究證明，薄荷醇具明顯的止癢作用，其止癢效果與抗組織胺的作用和抑制組織胺釋放有關。

薄荷的品種非常多，香氣略有不同，各有特色，從取材、預處理到蒸餾要件都可以依照本篇所述的程序來進行蒸餾。

薄荷是非常容易種植的香草植物，我陽台上的 2 盆薄荷，每 3 個星期左右就能修剪下來蒸餾製作純露，在都市生活中也能擁有小小的芳香樂趣，而這也是我撰寫純露手作書的本意——從陽台到廚房——我們並非生產精油、純露的大型工廠，能在生活中自己種植、自己採收、自己製作自用，是多麼美好的一件事！

薄荷 植材預處理

薄荷的葉、莖甚至全株植物（薄荷的根部除外）都可以進行蒸餾，蒸餾薄荷葉和莖所得的精油與純露，化學成分基本上大致相同，主要成分都是薄荷醇和薄荷酮，葉片部分的萃取率大概在 0.45%，莖的部分比較低一點，約在 0.2%。

由於薄荷根部主要的揮發性成分和莖葉並不相同，如果採用全株薄荷進行蒸餾，根部的位置去除掉會比較好，否則在蒸餾產物的感官香氣部分，會比較不容易控制。

薄荷取得最建議的方式是自己摘種，這樣就有最新鮮、最安全無藥的植材，量大時可自行陰乾保存，當然也可以向有機種植的農場購買。另外，還有一個選擇就是「青草行」，但是青草行所販賣的薄荷，一般都是全株乾燥後的商品，乾燥後的薄荷莖葉，蒸餾萃取的精油收率會比新鮮的高一點，感官香氣也有些微差異，新鮮葉、莖所得的純露比較清香，乾燥後的就比較濃郁一點，但其揮發性成分並沒有太大的不同，只是組分上的差異。

所以，蒸餾薄荷精油與純露，植材的取得、使用的部位選擇性很多，不過購買乾燥過後的薄荷，還有一點要注意，就是有

新鮮採收回來的薄荷，充滿薄荷
的特殊香氣。

待蒸餾的薄荷，植株看起來
綠油油的，清新健康。

文獻記載，乾燥薄荷的含油率會隨著保存年分增加逐年下降。

　保存時間在半年內，含油率只會損失大概 1.5%，但到了半年至一年間，損失率就會急速上升到 22.5%，保存四年的乾燥薄荷，含油率的損失就會達到 44.5%。所以，選擇乾燥薄荷植材要注意保存時間，盡量挑選新鮮一點的植材，同時最好在半年內就把它蒸餾完畢。

　如果選擇新鮮的葉、莖，只要用大量清水把植材上的泥土、雜質沖洗掉，然後把莖的部分剪成約 1 ～ 2 公分的長度，新鮮葉片含水量多，也比較柔軟，可以不用剪成小片狀，直接塞入蒸餾器中就可以。新鮮的莖、葉已經含有大量的水分，不需要先行浸泡，可以直接蒸餾。

　使用乾燥後的莖、葉或全株蒸餾都一樣，可以把乾燥後的植材，剪成 1 ～ 2 公分的小段進行蒸餾。如果量大，可以剪成長度較長的小段，如果有粉碎機，則可以將莖、葉粉碎成小塊狀再蒸餾。使用乾燥的薄荷莖、葉蒸餾前，可以先浸泡，以利精油的萃取收率，浸泡的最佳時間為 4 小時。

薄荷的莖部精油含量比葉子低，但莖與葉的主要成分都是薄荷醇和薄荷酮，所以可以一起蒸餾。照片中是把莖分開後再剪成小段蒸餾。

薄荷　蒸餾要件

植材的料液比 = 1：5 ～ 1：8

乾燥的薄荷葉、莖、全株在浸泡時，液面必須完全覆蓋過剪成小段狀的植材，需要添加較多的水，所以在料液的比例上，會使用比較高的比例。

另外，植材預處理後的顆粒大小，可能也會影響浸泡時添加水分的多寡，沒有剪碎或顆粒較大的植材，需要添加更多水分才能完全覆蓋過去。所以，在計算液料比例的時候，適當調整植材顆粒大小，盡量不要超過最大的比例（1：8）太多。

蒸餾新鮮的薄荷葉、莖或是全株植材，植材本身充滿水分，所以不需要浸泡，料液比例使用 1：5 ～ 1：6 即可。

例

料：薄荷葉、莖、全株 200g
液：蒸餾水 1000ml ～ 1600ml

稍微將薄荷葉剪成小塊，移入蒸餾器準備蒸餾。

蒸餾的時間 = 180 分鐘 ～ 240 分鐘

無論是蒸餾新鮮或乾燥的薄荷，蒸餾時間宜控制在 180 ～ 240 分鐘之間，不需要過長時間的蒸餾。有文獻的實驗紀錄表示，蒸餾的前段有比較多的薄荷精油被蒸餾出來，第 1 個小時蒸餾出來的薄荷精油量，約佔總萃取量的 36%，而第 2 個小時所蒸餾出來的精油量，佔總量的 15%，第 3、第 4 個小時的量逐漸遞減。所以我們可以利用這個數據資料，把蒸餾時間控制在 4 個小時以內。

蒸餾注意事項

a. 新鮮與乾燥的薄荷莖、葉或全株的精油，比重都比水輕，可以選擇「輕型」的油水分離器。

b. 新鮮薄荷所取得的精油，顏色會比乾燥的淺一些，兩者的顏色都在淺黃色到深黃色之間。

c. 新鮮薄荷蒸餾所得的純露與精油，氣味會比較清香，乾燥後的氣味則比較濃郁一點，兩者都很明顯有著薄荷特殊的香氣。

薄荷葉・精油主要成分（水蒸氣蒸餾法萃取）

薄荷醇 /Menthol	65.34%
薄荷酮 /Menthone	10.63%
環己烯酮 /Cyclohexenone	1.15%
乙酸薄荷酯 / Menthyl acetate	6.23%
β- 欖香烯 /β-Elemene	0.25%
石竹烯 /Caryophyllene	0.69%

薄荷莖部・精油主要成分（水蒸氣蒸餾法萃取）

薄荷醇 /Menthol	69.14%
薄荷酮 /Menthone	12.98%
環己烯酮 /Cyclohexenone	0.89%
乙酸薄荷酯 /Menthyl acetate	2.38%
β - 欖香烯 /β-Elemene	0.20%
石竹烯 /Caryophyllene	0.53%

薄荷根部・精油主要成分（水蒸氣蒸餾法萃取）

二十四烷 /Tetracosane	61.10%
薄荷酮 /Menthone	2.06%
環己烯酮 /Cyclohexenone	4.04%
乙酸薄荷酯 /Menthyl acetate	1.17%
二十六烷 /Hexacosane	2.38%
十三醛 /Tridecylic aldehyde	1.80%

植材 資訊	森農香草
	屏東縣潮州鎮潮州路 1139 號
	0975-639-580

Asiatic
Pennywort

2-14

積雪草

學名 / *Centella asiatica*

別名 / 雷公根、崩大碗、蜆殼草

採收季節 / 全年

植材來源 / 自家附近

萃取部位 / 全株

_ 積雪草又稱雷公根，屬於傘形科 Apiaceae 積雪草屬 Centella 的植物。積雪草在全世界的種類大約有 20 種左右，主要分布在南、北半球熱帶與亞熱帶地區，在臺灣分布非常廣泛，從低海拔的山區到平地、潮濕的水邊、荒地、路邊幾乎都看得見它的蹤跡。積雪草為多年生的匍匐草本植物，圓形缺個角的葉片形狀，讓它擁有很多的別稱：崩大碗、蜆殼草、半邊錢等。

_ 積雪草是傳統藥材中運用很早也很廣泛的植材，早在《神農本草經》中就有記載積雪草性溫和、無毒，中醫藥學界也認為積雪草可祛風、止癢、消炎解毒、清熱利溼，可治肝炎、感冒、扁桃腺發炎、支氣管炎等。

_ 積雪草在我們的生活中幾乎隨處可見，它的活性成分又有廣大的效用，是一款非常適合蒸餾的植材。

積雪草葉片的形狀，正如它的俗名，像半邊錢、缺個角的碗。

積雪草的樣貌。

野外採摘回來移植到家中盆栽的積雪草。

小分享

近幾年在一些保養品廣告中發現積雪草這個名詞,這是多麼浪漫的植物名字啊!在好奇心驅使下,查找了相關資料,比對植物圖片後發現,這個擁有好聽名字的積雪草其實就是雷公根,一種我們在公園裡甚至馬路中間的分隔島上都可以見到的一種藥用植物,它的繁殖力極強,不認識它的人一般都會將其誤認為雜草呢!

近年來有大量研究顯示,積雪草有修復皮膚、抗菌、抗發炎等優異功能,因此許多國際保養品大廠及生技公司紛紛投入研發積雪草相關產品,將它的萃取物用於醫療、美容、護膚上。

記得小時候我的阿嬤都會採摘積雪草回家,乾燥後混入一些薄荷葉,再加入一些冰糖熬煮,然後放置在冰箱作為夏天的冰飲,口感非常棒,是一款簡單易做的青草茶。

積雪草 植材預處理

積雪草的植株幾乎是貼著地面生長，
很容易被塵土所覆蓋，蒸餾前可以先
簡單浸泡沖洗，去除這些塵土。

新鮮採摘的積雪草，簡單清洗後剪碎
即可蒸餾。

積雪草‧精油主要成分（水蒸氣蒸餾法萃取）

成分	比例
α - 石竹烯 /α -Caryophyllene	27.79%
石竹烯 /Caryophyllene	24.78%
石竹烯氧化物 /Caryophyllene oxide	6.66%
β- 金合歡烯 /β-Famesene	6.82%

積雪草植材的取得，建議可以自行到野外採摘或是自行栽種，它的生長範圍很廣，也很容易種植，不妨安排一個戶外踏青的搜尋小行程，應該都不難發現它的蹤跡。

若想自行種植，面積也不需要很大，積雪草非常適合乾燥過後拿來蒸餾，小面積栽種、定時修剪，乾燥後收集起來，累積到可以蒸餾的量時再進行蒸餾，也不失為一個好辦法。

積雪草跟薄荷一樣，都是屬於能製作「青草茶」飲品的植材，所以，你也可以去「青草行」直接購買乾燥過後的積雪草。購買乾燥積雪草時，與購買乾燥薄荷一樣，要注意它乾燥後已經保存了多久。保存時間越長，植材中的精油成分會隨著保存時間增加而減少，所以盡量挑選乾燥保存時間越短者越好。

積雪草一般可採全株（根部去除）蒸餾，如果選擇新鮮的葉、莖，只要用大量清水把植材上的泥土、雜質沖洗掉，就可以拿來蒸餾了。新鮮的積雪草莖、葉片含水量多，也相當柔軟，所以可省略將它剪成小片狀的程序，直接塞入蒸餾器中就可以。

乾燥後的莖、葉或採用乾燥全株（根部去除）進行蒸餾的預處理都一樣，先把乾燥後的植材，剪成 1～2 公分的小段，如果蒸餾的植材量比較大，可以使用粉碎機，將莖、葉粉碎成小塊狀，然後加入蒸餾水浸泡，以利活性成分的萃取收率，浸泡時間為 4 小時以上。

積雪草 蒸餾要件

植材的料液比 = 1：5 ～ 1：6

　　乾燥的積雪草在預處理時需要浸泡，而浸泡的液面必須完全覆蓋過植材，可能需要添加較多的水，因此可選擇較大的料液比例。另外，植材預處理後的顆粒大小，也會影響添加蒸餾水的多寡，沒有剪碎或顆粒較大的植材，可能需要加更多水才能完全覆蓋過去。所以在計算液料比例的時候，適當調整植材的顆粒大小，按照上述的比例添加，盡量不要超過最大的比例 1：6。

　　新鮮積雪草充滿水分，不需要浸泡，料液比例使用 1：5 即可。

例　料：積雪草 200g
　　　液：蒸餾水 1000ml ～ 1200ml

蒸餾的時間 = 180 分鐘 ～ 240 分鐘

　　無論蒸餾新鮮或乾燥的積雪草，蒸餾時間可以控制在 180 ～ 240 分鐘之間，不需要過長時間的蒸餾。

　　閱讀很多文獻後可以發現，乾燥植材的精油萃取量，大多集中在蒸餾的前段，蒸餾時間大約在 2 到 4 小時就已經蒸餾出精油含量的絕大部分，所以蒸餾新鮮或乾燥的積雪草，時間可以控制在 180 ～ 240 分鐘之間，太長的蒸餾時間，對於萃取收率影響不大。

蒸餾積雪草純露，採用「共水蒸餾」與「水上蒸餾」合併的方法。

蒸餾注意事項

a. 新鮮與乾燥的積雪草精油，顏色為淺黃色到黃色之間，比重比水輕，可以選擇「輕型」的油水分離器。

b. 積雪草精油的萃取收率約在 0.1% 左右。

c. 新鮮與乾燥的積雪草味道上大致相同，新鮮的積雪草香氣很淡很淡，乾燥後的積雪草氣味則比較濃郁一些。

Lemon
Verbena

2-15

檸檬馬鞭草

學名 / *Aloysia citrodora*
別名 / 防草木、香水木
採收季節 / 春夏生長旺盛、避開花季較佳
植材來源 / 森農香草
萃取部位 / 葉

_ 檸檬馬鞭草又稱「防臭木」，屬於馬鞭草科 Verbenaceae 檸檬馬鞭草屬 Aloysia 落葉小灌木植物。原產地在南美洲阿根廷、秘魯、智利，葉片具有濃郁的檸檬香氣而得名。

_ 檸檬馬鞭草的植株生長高度可達 2.5 公尺，葉片約 1 ～ 2 公分寬、3.5 ～ 7.5 公分長，2 ～ 4 片葉子圍繞著莖部生長，葉片平滑，檸檬香味存在於葉背的腺體。花序頂生，花朵小、不具香氣，顏色有白色、粉紅色或灰淡紫色。

_ 檸檬馬鞭草喜歡溫暖全日照的環境，年平均溫度20°C左右，比較不耐寒，冬天的時候需防霜害。目前檸檬馬鞭草精油、純露以法國、阿爾及利亞和摩洛哥為主要產地，檸檬馬鞭草的葉片乾燥後也具有柔和的檸檬香味，在歐洲是廣受喜愛的花草茶之一，常被添加於烹調、甜點、肉類薰香等產品中，而精油純露也被廣泛應用於化妝品、香水香氛產業。

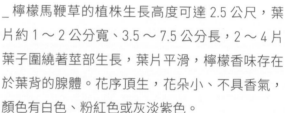

_ 檸檬馬鞭草的精油、純露中的揮發性成分，也有許多藥理活性及應用，是非常適合 DIY 蒸餾的植材。

小分享

　檸檬馬鞭草 *Aloysia citrodora* 和馬鞭草 *Verbena officinalis* 兩者要分辨清楚，這兩種植物都可以進行蒸餾，但兩者不但外型、香氣上有差異，蒸餾所得產物的揮發性成分也完全不同，應用與功效當然也完全不同，在蒸餾前要分辨清楚。另外，再多分享幾種有引進到臺灣的馬鞭草科植物。

馬鞭草
Verbena（*Verbena officialis*）
一年生草本，葉子對生，葉片形狀類似羽毛，邊緣有鋸齒狀。莖呈四方形，幼嫩的莖上有短毛。花序像稻穗的形狀，花小、顏色為紫藍色，也有不同品種的馬鞭草花序呈團狀。全株植物帶根都可以運用，大多乾燥後使用，是傳統的中藥材。

墨西哥奧勒岡
Mexican Oregano（*Lippia graveolens* Humb.）
　馬鞭草科防臭木屬 Lippia 的灌木芳香植物，植株高度可到 3 公尺以上，葉片和蔓性馬纓丹相似，葉片呈心形、葉緣鋸齒狀、花朵 4 ～ 5 朵聚集生長在莖節上，花色為白色。葉片乾燥後可製作花茶飲料，因為應用範圍跟奧勒岡葉類似而得名。

巴西馬鞭草
Brazilian Verbena（*Verbena bonariensis*）
　俗稱「柳葉馬鞭草」，植株高度 90 ～ 180 公分，葉子對生、長 7 ～ 13 公分、長矛狀，莖部粗燥、方形，花為頂生聚繖花序，由多數小花聚集在一起形成，花期常在夏秋，花色為淡紫色。這種馬鞭草因為開花時顏色漂亮、熱鬧壯觀，大多作為觀賞性質，但它沒有什麼香氣，沒有食用價值，也不建議當成蒸餾植材。

檸檬馬鞭草植株，注意葉片生長方式和形狀是辨別品種的方法。

檸檬馬鞭草 植材預處理

檸檬馬鞭草在不同時節、不同生長階段的精油含量與揮發性物質成分都會有變化。它在 4 ～ 6 月間生長的速度最快，6 月中旬左右的檸檬馬鞭草精油含量最高，到了 7 月，氣溫升高，含油率開始下降。

採收檸檬馬鞭草的時間，可以選在接近中午的時段，因為中午 12 點左右是檸檬馬鞭草一天中含油率最高的時間。從早上 8 點開始，其含油量逐漸上升，中午 12 點到達高峰，然後逐漸下降，傍晚 6 點的含油量則和早上差不多。

採收檸檬馬鞭草時，比較高的植株可取上半部的位置（上部枝葉的精油含量高於下部枝葉，主要的精油存在於上部），直接從莖部將它剪斷，盡量避開較粗或已經木質化的莖，然後再將葉片從莖部取下；同時，可以保留植株尖端約 10cm 左右的嫩枝條。比較矮的植株，可以剪取地面 10 公分以上的莖葉，再將葉片取下，植株較嫩的枝條也可以保留一起進行蒸餾。

如果剛好在檸檬馬鞭草的花期進行採摘，保留尖端部分就包

新鮮採收回來的檸檬馬鞭草，
聞起來香氣飽滿。

含了它的花序，花序是可以與葉子一起蒸餾的（蒸餾檸檬馬鞭草的花所得的精油，主要成分均與葉子相同），不過有研究指出，當檸檬馬鞭草進入花期，整體精油含量有明顯下降的趨勢，非必要應該避開花期採收（花期自晚春到初夏 6～8 月）。

　檸檬馬鞭草的莖部則去除不用，因為莖部含油量只有鮮葉含油量的 1 / 30。如果是比較新的植株，可以單獨採摘植株上半部的葉子。

　乾燥的檸檬馬鞭草也可以作為蒸餾植材，乾燥後蒸餾出來的精油，主要成分和新鮮的都相同，只是組分上有些微變化，且萃取率會比新鮮的低。同時，乾燥方式與保存時間也都會影響出油率，有許多必須考量的要點，所以建議還是採用新鮮的檸檬馬鞭草葉蒸餾為最佳選擇。

　葉子收取集中後，可以直接塞入蒸餾器中，或用適當工具將它切成更小段或是切碎也可以，越小的顆粒越有利於萃取效率與精油收率。

預處理時剔除揮發性成分含量
低的莖部，只保留葉子。

將檸檬馬鞭草的葉子適當切碎或粉碎，可以增加蒸餾效率與萃取率。

檸檬馬鞭草 蒸餾要件

植材的料液比 = 1：5 ～ 1：6

檸檬馬鞭草的精油萃取率大約在 0.1 ～ 0.7% 左右，新鮮的葉片富含豐富的水分，所以不需要先浸泡，建議的料液比例為 1：5 即可。建議添加約 5 倍於植材重量的蒸餾水進行蒸餾。

乾燥的檸檬馬鞭草蒸餾前要先浸泡，浸泡時間 2 ～ 4 小時，添加的料液比例建議在 1：6 的範圍內。

例　料：檸檬馬鞭草葉 200g
液：蒸餾水 1000ml ～ 1200ml

蒸餾的時間 = 120 分鐘 ～ 150 分鐘

檸檬馬鞭草的蒸餾時間，建議控制在 2 個小時到 2.5 個小時之間。蒸餾時間在 120 分鐘內這個區間，萃取得油率很平均的上升；蒸餾時間如果低於 2 小時，萃取得油率會比較低；而蒸餾超過 2 小時，則出油率不再有明顯變化。所以，建議把蒸餾的時間做足 2 小時或是稍微延長到 2.5 個小時。

蒸餾注意事項

a. 檸檬馬鞭草精油比重約為 0.89 ～ 0.91，比重比水輕，可以選擇「輕型」的油水分離器。
b. 檸檬馬鞭草精油顏色為淡黃色，有很明顯的檸檬香氣。
c. 檸檬馬鞭草精油的比重比水輕但是比重跟水很接近，精油會比較容易懸浮於純露中，可以觀察到純露呈現比較混濁的狀態，如果要分離精油層，靜置時間要比較久。

檸檬馬鞭草・精油主要成分（水蒸氣蒸餾法萃取）

橙花醛（順式檸檬醛）/Neral	19.99%
香葉醛（反式檸檬醛）/Geranial	27.60%
檸檬烯 /Limonene	8.85%
芳薑黃烯 /Arcurcumene	5.87%
β- 石竹烯 /β-Caryophyllene	3.25%
別羅勒烯 /Allo-Ocimene	4.53%
橙花醇 /Nerol	2.04%
香葉醇（牻牛兒醇）/Geraniol	2.58%
檜烯 /Sabinene	1.03%
雙環大根香葉烯 /Bicyclogermacrene	3.49%
乙酸香葉酯 /Geranyl acetate	1.57%
薑烯 /Zingiberene	2.97%

植材 資訊	**森農香草**

森農香草
屏東縣潮州鎮潮州路 1139 號
0975-639-580

Sweet
Marjoram

2-16

甜馬鬱蘭

學名 / *Origanum marjorana*
別名 / 甜馬鬱蘭、甜牛至
採收季節 / 全年
植材來源 / 森農香草
萃取部位 / 全株（根部除外）

屏東森農園藝內的甜馬鬱蘭植株。

_ 甜馬鬱蘭 *Origanum marjorana* 又稱甘牛至，唇形科牛至屬多年生草本植物，原生地在地中海沿岸和北美地區，主要分布在法國、義大利、德國、西班牙等歐洲國家氣候較溫和的區域。

_ 全株具有溫和的特殊香味，帶有檸檬（含松油烯）和紫丁香（含松油醇）的混和香氣，植株高 35 ～ 65cm。「甜馬鬱蘭」跟「野馬鬱蘭」常因為都簡稱「馬鬱蘭」而被混淆，野馬鬱蘭就是牛至、奧勒岡，它的學名是 *Origanum vulgare*，這兩種馬鬱蘭的精油與純露，其香氣與揮發性成分均不相同，取材前要分辨清楚到底是「甜馬鬱蘭」還是「野馬鬱蘭」。

_ 如果要蒸餾的植材是「野馬鬱蘭」，可以直接參考本篇「甜馬鬱蘭」章節中的預處理方式及蒸餾要件，但是，所得產物的揮發性成分則有所不同，可以自行搜尋。

小分享

　　「馬鬱蘭」在料理的世界中都被當成辛香料，適合用來搭配各種肉類的料理，原因是因為這些辛香料中含有酚類化學物質，如丁香酚、百里香酚，可以減少肉類食物中微生物的數量，同時增加肉類的色澤和香氣，同樣是辛香料的迷迭香也有相同的效果。

　　「甜馬鬱蘭」精油純露中，沒有丁香酚及百里香酚這兩個活性成分，所以如果在網路上閱讀到含有百里香酚成分的馬鬱蘭，就一定是「野馬鬱蘭」。

甜馬鬱蘭 植材預處理

甜馬鬱蘭與同為唇形科的迷迭香相同，新鮮與乾燥的植材皆可蒸餾，一般採全株植物（根部除外）蒸餾。

採摘新鮮的甜馬鬱蘭可以挑選晴天，剪取地面 5 ～ 10 公分處以上的莖葉。有文獻記載，下午 2 點到 4 點之間所採收的甜馬鬱蘭精油含量最高。新鮮採摘下來的甜馬鬱蘭，必須在 2 ～ 3 天內完成蒸餾，無法在時限內蒸餾的話，必須先將植材乾燥保存。乾燥的方法可參考「臺灣土肉桂」（請參考 P.118）。預處理的章節介紹。

新鮮甜馬鬱蘭的含油量，大約在 0.3% ～ 0.5%，乾燥後含油量比較高，約在 0.7% ～ 3.5%。

甜馬鬱蘭與許多唇形科香草植物一樣，花季時植株頂端都會開出不同形狀的花序[註]，這些花序需要龐大人力去採收，將其單獨萃取與全株萃取所得的揮發性成分，兩者間只有一些組分上的不同（可參考 P.225 的迷迭香），並無太大的差異，所以這類植材不會單獨取下花朵與其他部位分開蒸餾。

在歐洲，對於甜馬鬱蘭的花朵與全株植物，在採收蒸餾時有個特別的作法。每當甜馬鬱蘭盛開，農場採收的時候，會採植株的頂端帶有花序的嫩莖進行蒸餾；而當花季過後，則採收植株地面 5 ～ 10 公分處以上的莖葉。頂端帶有花序的蒸餾產物，含有較多花朵的香氣，香氣品質較佳，歐洲蒸餾廠會將它跟甜馬鬱蘭莖葉所得的產物，依照各廠自身的經驗按比例混合，混合出香氣品質較佳的甜馬鬱蘭精油與純露，也可以將花朵的產物跟莖葉的產物獨立販售利用。

註：花序（inflorescence）是花梗上的一群或一叢花，依固定的方式排列，是植物的固定特徵之一。

1. 新鮮甜馬鬱蘭莖葉

採摘後的馬鬱蘭莖葉，以清水洗去植株上的灰塵、泥土，然後將植株的莖與細小的枝，剪成大約 1.0cm ～ 2.0cm 的小段即可。葉片部分含水量多，也很柔軟，所以不需要再剪成更小的顆粒。

2. 乾燥甜馬鬱蘭莖葉

乾燥後的甜馬鬱蘭，葉子的部分很容易從枝條上剝落，我們可以先將乾燥的葉片剝下後，再把剩下的莖與細枝都剪成約 1.0cm 或是更短（0.3 ～ 0.5cm）的小段。無論是全株或莖葉，預處理時顆粒越小，越有利於蒸餾的收率與效率。

剪成小段狀的乾燥甜馬鬱蘭，先加入蒸餾水覆蓋浸泡，浸泡 2 小時。浸泡完畢後，如果蒸餾器是採用「水蒸氣蒸餾式」，將浸濕的馬鬱蘭篩出置於蒸餾器上部，浸泡用的蒸餾水，直接作為蒸氣的來源。如果採用的是「共水蒸餾式」的蒸餾器，直接將浸泡的馬鬱蘭與浸泡用的蒸餾水，移入蒸餾器即可。

採收回來的新鮮馬鬱蘭。

預處理中的馬鬱蘭。

簡單將馬鬱蘭莖葉剪成小段狀即可。

甜馬鬱蘭　蒸餾要件

植材的料液比 = 1：8 ～ 1：10

　　新鮮的甜馬鬱蘭，植材的精油含量比乾燥後的低，也不需要先行浸泡，所以建議添加約 8 倍於植材重量的蒸餾水進行蒸餾。

　　乾燥的甜馬鬱蘭在浸泡時，液面必須完全覆蓋植材，會需要添加較多的水，所以在料液的比例上，要選擇較高的比例。另外，植材預處理後的顆粒大小，可能也會影響水分添加的多寡。沒有剪碎或顆粒較大的植材，需要添加更多的水分才能完全覆蓋過，所以在計算液料比例的時候，適當調整植材預處理的顆粒大小，盡量不要超過最大的比例（1：10）。

　　乾燥的全株甜馬鬱蘭，文獻記載的最佳料液比例為 1：10。新鮮的馬鬱蘭由於植材仍保有水分，精油含量也比較低，所以會建議用比較小的料液比例。

例　料：馬鬱蘭 200g
　　　液：蒸餾水 1600ml ～ 2000ml

預處理完畢的馬鬱蘭，塞入蒸餾
器中準備蒸餾。

蒸餾的時間 = 180 分鐘～ 240 分鐘

　　蒸餾時間建議控制在 180 分鐘～ 240 分鐘。文獻記載的最佳蒸餾時間是 6 小時，如果個人時間條件允許，也可以將蒸餾的時間拉長到 6 個小時。在 4 個小時以後到 6 個小時的區間，精油的萃取量比前 4 個小時來得少，所以建議把時間控制在 4 個小時左右即可。

蒸餾注意事項

a. 新鮮與乾燥的甜馬鬱蘭精油，比重都比水輕，可以選擇「輕型」的油水分離器。

b. 收集到的甜馬鬱蘭精油為淡黃色，乾燥的精油顏色會比新鮮的深。

c. 甜馬鬱蘭精油的含量不低，純露應呈現混濁狀，精油可以明顯被觀察到。

d. 收集的純露具有強烈的香料辛香、木質香氣。

e. 乾燥的甜馬鬱蘭可以運用「微波輔助」增加精油的萃取收率。

甜馬鬱蘭・精油主要成分（水蒸氣蒸餾法萃取）

4- 萜烯醇 /4-Terpineol	25.13%
檜烯 /Sabinene	5.06%
4- 側柏醇 /4-Thujanol	16.93%
α- 松油醇 /α -Terpineol	4.31%
γ- 松油烯 /γ -Terpinene	10.36%
乙酸芳樟酯 /Linalyl acetate	2.45%
4- 蒈烯 /4-Carene	6.5%
β- 石竹烯 /β-Caryophyllene	3.17%
偽檸檬烯 /Pseudolimonene	2.92%
萜品油烯（異松油烯）/ Terpinolene	2.76%

植材 資訊	森農香草
	屏東縣潮州鎮潮州路 1139 號 0975-639-580

Lemon
Balm

2-17
檸檬香蜂草

學名 / *Melissa offcinalis*
別名 / 香蜂草、蜜蜂花
採收季節 / 全年
植材來源 / 森農香草
萃取部位 / 莖、葉

種植在自家院子的香蜂草，非常容易照顧，總是比旁邊的薄荷長得快又長得好。

_ 檸檬香蜂草 *Melissa offcinalis* 屬於唇形科 Lamiaceae 蜜蜂花屬 Melissa 多年生草本植物。原產地在溫帶中亞地區，現在廣泛分布在歐洲、亞洲、北美和紐西蘭，學名中的 Melissa 在希臘文為「蜜蜂」之意，Balm 則代表「香油」，所以稱為香蜂草。

_ 植株高度約在 30～80 公分，地上部分的莖呈正方形，為唇形科植物的特徵之一，葉片的形狀像草莓，葉片周圍為鋸齒狀，視生長的情況而定，葉片可以長到大約 4 寸寬、1～3 寸長。

_ 在歐美地區，香蜂草約在 7～10 月間開花，花色為白色、淡黃色，植株在冬天會枯萎，但根部為多年生，所以春天來臨時，植株又會開始生長出新的葉子。臺灣的冬天不似歐美地區那麼寒冷，香蜂草在臺灣一年四季均能保持常綠。

小分享

院子裡種植了 3 盆香蜂草，作為平時蒸餾取材之用，如果遇到比較大的蒸餾量，我才會選擇向農場購買。這一次使用的是自家院子裡修剪下來的香蜂草，香蜂草是很好照護的香草，耐熱、耐旱性都不錯，只要適當的光照、適度的修剪就能讓它長得很好。

香蜂草含油量不高，因此它的精油價值不斐。香蜂草是一種溫和的鎮靜劑、解痙劑和抗菌劑，是一種被廣泛使用的傳統草藥，在民間傳統療法中常用來治療神經緊張、頭痛、腹脹，用來增進食慾、促進消化及治療皰疹病毒引起的單純病變。《藥物大全》記載，具有「醒腦、養心、健胃和助消化之功效」。

在許多文獻中，也顯示香蜂草含有非常多有價值的活性成分，功效很多，其中對於抗焦慮的效果是強項，同時可使經期規律、紓緩經痛、放鬆身體，是一款經濟實惠的藥用植物。

香蜂草蒸餾出來的純露香氣清新，添加一些蜂蜜後直接飲用，香氣口感都很棒，天然蜂蜜的添加也有助於消化，是一款值得推薦的健康飲品。

檸檬香蜂草 植材預處理

盆栽種植的檸檬香蜂草植株，高度大概可以到 30 公分，地植的話可以到 50 ～ 80 公分。當香蜂草主莖高度長到大概 20 ～ 30 公分的時候，就可以採收。臺灣的夏天太熱時，會減緩香蜂草的光合作用與生長，要盡量避開酷熱時節採收，春、秋兩季採收較佳。

香蜂草在合適的生長環境下生長力旺盛，一般 20 ～ 30 天採收一次，採收下來的新鮮香蜂草可以直接蒸餾，或是小量多次採收後，先乾燥保存再蒸餾。一天內任何時段均可進行採收。

採收檸檬香蜂草時，可以剪取植株頂端 1/3 的位置，它的精油含量最高，高度越接近地面植株，精油含量越低。國外文獻對採收的高度做過研究，蒸餾植株頂端 1/3 處精油含量最高，為 0.13%，在這個高度的葉中，精油含量為 0.39%；植株 1/2 ～ 1/3 位置的精油含量是 0.08%，此高度的葉中精油含量為 0.17%；如果剪取全株檸檬香蜂草蒸餾，精油含量降到 0.06%，全株的葉片精油含量則降至 0.14%。所以我們採收時，最好是剪取植株頂端 1/3 位置的檸檬香蜂草。

預處理的部分，我們就分為新鮮與乾燥的檸檬香蜂草來說明：

1. 新鮮檸檬香蜂草

採摘後的全株香蜂草，以清水洗去植株上的灰塵、泥土，不需要分開莖與葉，直接將植材剪成小段。新鮮的植材含水量多，植株比較柔軟，也不需要浸泡的工序，剪成合適的長度塞入蒸餾器即可。

新鮮的檸檬香蜂草採摘下來，如果不立即進行蒸餾，可以選

香蜂草採收中，剪取上方 1/3 位置處的植株最佳。

擇將它乾燥後保存，乾燥的方式以及乾燥產物的注意事項，可以參考 2-2 臺灣土肉桂的預處理章節，其中有比較詳細的介紹（P.118）。

2. 乾燥檸檬香蜂草

乾燥香蜂草葉子很難單獨取下，直接將莖葉剪成小段即可，較粗不帶葉子的莖，雖然含油率較低，但是要單獨剔除需要花費比較多的勞力，可以放進蒸餾器一起蒸餾。粉碎的原則，還是顆粒越小越有利於蒸餾收率與效率。

乾燥剪成小段狀的香蜂草，先加入蒸餾水覆蓋浸泡，最佳的浸泡時間為 2 小時。如果蒸餾器是採用「水蒸氣蒸餾」或「水上蒸餾」的方式，將吸飽水分的香蜂草篩出置於蒸餾器上部，浸泡用的蒸餾水可直接作為蒸氣的來源；如果採用「共水蒸餾」的蒸餾器，直接將浸泡的香蜂草與浸泡用的蒸餾水，移入蒸餾器即可。

乾燥後的檸檬香蜂草，植材那股特殊香味會隨著時間愈長變得越淡，如果要使用乾燥的香蜂草，貯藏期限越短越好。

新鮮採收的檸檬香蜂草。

香蜂草可乾燥後保存，照片中為了拍照採光所以放在陽光下，乾燥過程應避開陽光採陰乾方式。

乾燥後的香蜂草，特殊香氣仍在，多了一些乾燥後植材特有的味道，感官評比不及新鮮的香蜂草。

檸
檬
香
蜂
草

蒸
餾
要
件

植材的料液比 = 1：6～1：8

蒸餾新鮮的檸檬香蜂草，不需要先浸泡，建議添加約 6 倍植材重量的蒸餾水進行蒸餾。

乾燥剪碎的檸檬香蜂草，要先浸泡後再蒸餾，浸泡時間建議在 2 小時到 4 小時之間，添加的料液比例在 1：6～1：8。粉碎的顆粒越小，浸泡時要添加的水也會比較少，也有利於萃取收率的提升，最佳的料液比例是 1：6，最多添加到 1：8，盡量不要超過這個比例。

例 料：檸檬香蜂草 200g
液：蒸餾水 1200ml～1600ml

預處理時可挑掉較粗的莖部與品相不良的葉片，只蒸餾含油量較高的香蜂草葉。

蒸餾的時間 = 150 分鐘～ 180 分鐘

蒸餾時間與香蜂草出油率的約略關係，蒸餾時間設定在 60 分鐘時，精油萃取率為 0.47%，90 分鐘時為 0.52%，120 分鐘為 0.67%，而精油萃取率到 150 分鐘時到達最高 0.88%，再把蒸餾時間延長到 180 分鐘，精油萃取率只上升到 0.89%。

所以，蒸餾檸檬香蜂草時，蒸餾的時間不宜控制得太短，最佳的蒸餾時間是 150 分鐘左右，也可以稍微延長到 180 分鐘就足夠。

註：以上實驗數據所用的植材是乾燥的檸檬香蜂草。

蒸餾注意事項

a. 新鮮與乾燥的香蜂草精油，比重都比水輕，可以選擇「輕型」的油水分離器。
b. 香蜂草精油含量不高，不易觀察到精油層。
c. 乾燥的香蜂草，預先浸泡後，可以運用「微波輔助」增加精油的萃取收率。

檸檬香蜂草・精油主要成分（水蒸氣蒸餾法萃取）

橙花醛 (順式檸檬醛)/Neral	18.42%
香葉醛 (反式檸檬醛)/Geranial	36.22%
香葉醇 /Geraniol	19.81%
香茅醛 /Citronellal	2.11%
β- 石竹烯 /β-Caryophyllene	1.63%
石竹烯氧化物 /Caryophyllene oxide	1.93%

植材資訊	森農香草 屏東縣潮州鎮潮州路 1139 號 0975-639-580

Rosemary

2-18
迷迭香

學名 / *Rosmarinus offcinalis*
別名 / 海洋之露
採收季節 / 全年
植材來源 / 自家院子
萃取部位 / 莖、葉、全株（根部除外）

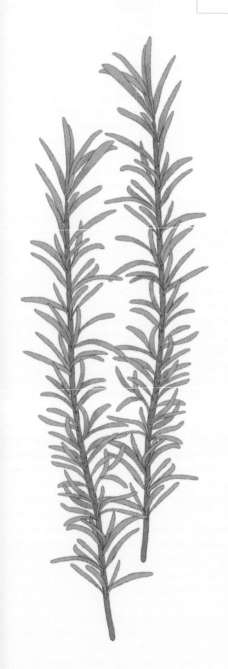

_ 迷迭香為唇形科 Lamiaceae 迷迭香屬 Rosmarinus 植物，常綠灌木，高度可達 2 公尺。原產地在環地中海沿岸地區，廣泛生長於法國、義大利、土耳其以及北非地中海岸的諸國。

_ 迷迭香的香氣特殊且濃郁，帶有一點松木的香氣，新鮮或乾燥的迷迭香葉子一般被當成香料使用，是傳統「地中海型料理」常聞到的氣味，也可以作為花草茶的原料。迷迭香的葉子、花和莖能萃取精油，迷迭香精油的活性成分中有多種抗氧化劑，具有抑菌、抗氧化、抗腫瘤、抗發炎等作用，在芳療、醫藥、化妝品、食品工業都有很廣泛的運用。

迷迭香葉特殊的針狀葉片。天氣越熱時，
迷迭香的精油成分越豐富。

家裡種植一盆迷迭香，蒸餾取材、烹飪兩相宜。

開花的迷迭香。

小分享

　　家中院子裡的迷迭香已經是棵老欉，平日對它不怎麼花時間照顧，偶爾摘來泡泡茶、煎煎雞腿，但自從迷上蒸餾後，就開始努力修剪養護、施肥澆水，只期待它能長得更茂密，讓我蒸餾出來的純露香氣品質更為迷人。從此，這棵迷迭香在我心中的地位，可說是身價暴漲、不可同日而語。

　　迷迭香很容易種植而且耐旱，陽台也可以種得活，是新手種植可選的香草植物。迷迭香是功能性滿多的植物，精油有著「記憶之神」的稱號，在提升專注與記憶力方面是非常好的選擇。迷迭香的萃取得油率滿高的，精油大多數添加在洗髮精、潤髮乳、護髮相關產品。

　　而迷迭香純露在使用上就更多元了，油性肌膚可選擇作為收斂毛孔的化妝水配方之一；純露用於脂漏性頭皮癢也相當有效，直接噴灑在洗完頭的濕髮頭皮上並稍微按摩一下，再將頭髮吹乾即可；對於控制頭皮出油、頭髮容易有異味等狀況，都能得到相當程度的改善。

我有時也會使用迷迭香純露來擦拭家中的木質地板，因為家中成員有 2 個毛小孩，除了更需要保持地板的清潔外，也顧慮到化學清潔藥劑可能對牠們造成的不良影響，因此我在清潔地板時，會在最後一次擦拭時在清水中加入約 500cc 的迷迭香純露，除了有清潔殺菌的效力之外，也讓整個房子瀰漫著一股舒適的迷迭香氣息。另外，我也會將迷迭香純露應用在毛小孩身上，洗完澡後噴灑在牠們的皮膚上，作為抗菌除味之用。

迷迭香 植材預處理

迷迭香的採收全年都可以進行，而夏天、初秋兩季最熱的正午，是採收迷迭香的最佳時機，含有最多的活性成分。

據文獻研究表示，氣溫越高，迷迭香所含的化學成分也會隨之增多，蒸餾出來的精油、純露中的化學成分也會增多。實驗結果顯示，4月、5月、6月採收生產的迷迭香精油中，化學成分分別有 90、100、105 種，以氣溫最高的 6 月所含的化學成分最多，所以夏天的氣溫越高，越適合採收迷迭香。

一天當中，中午 12 點到下午 2 點（一天內溫度最高的時段）所採收的迷迭香，檢驗出的化學成分有 100 種，下午 4 點後所採收的迷迭香，其中的化學成分則下降為 96 種。

蒸餾迷迭香精油、純露的選擇性很廣，可以採用全株植物（根部除外），也可以只選用針狀的葉片，新鮮採摘或乾燥過後的迷迭香也都可以利用。

有文獻針對蒸餾新鮮與乾燥迷迭香葉所得的產物做 GC-MS 檢測，結果是兩者之間所檢測出來的化合物有 50% 以上相同的部分，並且前五種主要成分（最主要的成分為桉葉油醇等五種）只有些許含量上的差異。新鮮與乾燥產物最主要的不同，只有在一些微量化合物的組分之間有變化。所以，新鮮與乾燥的迷迭香蒸餾產物，除了香氣有所不同以外，其他的活性與藥性都是一樣的。

迷迭香的花序與全株植材，蒸餾所得的「花朵精油」與「莖葉精油」，兩者之間的主要成分基本上也是相同的，兩種精油最大的差異是**「花朵精油」的低沸點成分含量比「莖葉精油」低，而高沸點成分的含量比「莖葉精油」高。**

基於以上分析結果，在蒸餾迷迭香精油與純露時，並不會特別將花朵與莖葉分開蒸餾。一般唇形科帶花序的香草植物，都有這種特性，所以都不會將花朵與莖葉分開來蒸餾，而採用全株蒸餾。

迷迭香 植材預處理

預處理的部分，分為新鮮與乾燥的迷迭香兩部分說明：

1. 新鮮迷迭香

採摘後的全株迷迭香，以清水洗去植株上的灰塵、泥土，然後將它的莖剪成大約 1cm 的小段，修剪時針狀葉片很容易掉落，掉落的針葉可直接利用，也可以將迷迭香的葉片與莖分開，單獨蒸餾迷迭香的葉片。

莖與葉的揮發性成分及香氣都非常類似，只是莖部的含油量比較低，無論是取莖葉蒸餾或是單獨蒸餾迷迭香的葉子，所得產物的香氣及成分差異不大，可以自行決定取材。

1 / 迷迭香採收中，剪取上方
1/3 位置處的植株最佳。

2 / 七月天採收的迷迭香，針狀葉片
非常飽滿，特徵香氣濃郁。

3 / 自家院子裡採收回來的迷迭
香，預處理時用剪刀剪成約 1cm
的小段。

4 / 預處理時除了將莖葉直接剪成
小段，也可以將迷迭香葉搓下來，
單獨蒸餾迷迭香葉。

5 / 預處理完畢即可添加適量的蒸餾
水，將迷迭香移入蒸餾器中，準備
進行蒸餾。

乾燥迷迭香的方法之一，類似乾燥花的作法，綁紮後倒掛於室內或陰涼處自然風乾。

　　新鮮的迷迭香採摘下來，如果不立即進行蒸餾，可以選擇將它乾燥後保存，最簡單的乾燥方式就是像製造乾燥花一樣，將迷迭香尾端用細繩綁成一串，倒掛在室內或陰涼的位置，讓它慢慢自然乾燥。如果要選擇其它乾燥方式以及了解乾燥產物的注意事項，可以參考 2-2 臺灣土肉桂的預處理章節，其中有比較詳細的介紹（P.118）。

2. 乾燥迷迭香

　　乾燥後的迷迭香，如果是保有莖部的狀況，一樣將它剪成約 1cm 或更短（0.3 ～ 0.5cm）的小段；如果只有針狀葉片的植材，也可再粉碎成更小的顆粒，無論是全株或莖葉，顆粒越小，越有利於蒸餾的收率與效率。

　　乾燥剪成小段狀的迷迭香，先加入蒸餾水覆蓋浸泡，最佳的浸泡時間為 3 小時。如果蒸餾器是採用「水蒸氣蒸餾」式，將浸濕的迷迭香篩出置於蒸餾器上部，浸泡用的蒸餾水可直接作為蒸氣的來源；如果採用「共水蒸餾」式的蒸餾器，直接將浸泡的迷迭香與浸泡用的蒸餾水，移入蒸餾器即可。

迷
迭
香　蒸餾要件

植材的料液比＝1：6～1：8

　　新鮮的迷迭香，不需要先浸泡，植材的精油含量也不低，建議添加約 6 倍植材重量的蒸餾水進行蒸餾。

　　乾燥迷迭香在浸泡時，液面必須完全覆蓋植材，需要添加較多的水，在料液的比例上要選擇較高的比例。另外，植材預處理後的顆粒大小，可能也會影響添加水分的多寡，沒有剪碎或顆粒較大的植材，需要添加更多的水分才能完全覆蓋過。所以，在計算液料比例的時候，適當調整植材預處理的顆粒大小，盡量不要超過最大的比例（1：8）。

　　其他蒸餾條件均相同的情況下，料液比例在 1：6～1：8 的區間，精油萃取收率的差異都在小數點以下。液料比例 1：8 時萃取收率最高（約 1.86%）。

例　料：迷迭香 200g
　　　液：蒸餾水 1200ml ～ 1600ml

迷迭香純露蒸餾準備中。

蒸餾的時間 = 120 分鐘～ 150 分鐘

蒸餾時間最佳建議為 120 分鐘。有文獻實
驗表示,蒸餾時間在 120 分鐘之前,蒸餾
出的精油都跟蒸餾時間成正比關係,在 90
分鐘到 120 分鐘這個時間區段,所得到的
精油量最大。當蒸餾時間延長至 150 分鐘,
精油的萃取收率只些微上漲了 0.012%。所
以,建議的最佳蒸餾時間為 2 小時到 2.5 個
小時之間。

蒸餾注意事項

a. 新鮮與乾燥的迷迭香精油,比重都比水輕,
   可以選擇「輕型」的油水分離器。
b. 收集到的迷迭香精油為透明略帶點黃色,乾
   燥迷迭香精油的顏色會比新鮮的深。
c. 迷迭香精油的含量不低,應該可以在蒸餾產
   物中明顯被觀察到。
d. 乾燥的迷迭香,可以運用「微波輔助」增加
   精油的萃取收率。

迷迭香葉 · 精油主要成分(水蒸氣蒸餾法萃取)

α- 蒎烯 /α-Pinene	25.30%
β- 蒎烯 / β-Pinene	4.81%
莰烯 /Camphene	10.24%
1,8- 桉葉素 /1,8-Cineole	28.08%
樟腦 /Camphor	6.59%
龍腦 /Bomeol	1.65%
α - 松油醇 /α-Terpineol	1.06%
馬鞭草烯酮 /Verbenone	1.14%
γ- 松油烯 /γ-Terpinene	2.19%
α- 松油烯 /α-Terpinene	3.24%
β- 月桂烯 /β-Myrcene	3.56%
α- 水芹烯 /α-Phellandrene	4.27%

迷迭香花 · 精油主要成分(水蒸氣蒸餾法萃取)

α - 蒎烯 /α -Pinene	17.58%
β - 蒎烯 /β-Pinene	1.13%
莰烯 /Camphene	13.19%
1,8- 桉葉素 /1,8-Cineole	27.65%
樟腦 /Camphor	11.97%
龍腦 /Bomeol	8.46%
α - 松油醇 /α-Terpineol	1.24%
馬鞭草烯酮 /Verbenone	1.70%
γ - 松油烯 /γ -Terpinene	0.64%
α - 松油烯 /α-Terpinene	3.70%
β- 月桂烯 /β-Myrcene	1.02%
α - 水芹烯 /α -Phellandrene	2.03%

Rose
Geranium

2-19

香葉天竺葵

學名 / *Pelargonium graveolens*

別名 / **玫瑰天竺葵**

採收季節 / **全年（氣溫 22 ～ 30℃最佳）**

植材來源 / **森農香草**

萃取部位 / **莖、葉**

_ 香葉天竺葵 *Pelargonium graveolens* 屬於牻牛兒苗科 Geraniaceae 天竺葵屬 Pelargonium 多年生亞灌木植物，原產地在非洲南部，主要產區為摩洛哥、法國、埃及、中國雲南等地。

_ 植株高度平均 50 ～ 80cm，莖上布滿腺毛，基部的莖會木質化，莖葉有明顯的香氣，可以提取精油、純露。香葉天竺葵喜歡溫暖的氣候，最合適的溫度是 22 ～ 30℃，氣溫如果高於 40℃，生長就會減緩。生長期間需要大量的日照，日照對於香葉天竺葵的生長發育和精油的含量，有著至關重要的影響，日照時間越多，精油含量會有顯著增加。臺灣中南部地區的日照充足、氣溫合宜，非常合適香葉天竺葵的栽種。

_ 香葉天竺葵精油是全球香精、香料工業中最重要的產品之一，香氣甜蜜濃郁並且持久穩定，常用於玫瑰花、風信子、紫丁香、晚香玉類的香水香精之中，經濟價值非常高。

2021 年 3 月，造訪宜蘭大面積種植香葉天竺葵的香草農場。

探訪宜蘭農場時剛好遇上香葉天竺葵的花期，
粉紫色的花序迷人可愛。

香葉天竺葵的花苞，莖上的腺毛也清晰可見。

小分享

　　香葉天竺葵是一種經濟實用的香草植物，
同時它的生命力極強，特殊濃郁的香氣也讓
它很少有蟲害發生，是一種連不善種植的人
都能成功扦插、繁殖的植物，家中陽台如果
能提供足夠日照，絕對可以嘗試種植香葉天
竺葵，它的特殊氣味對於防蚊也有效果。

　　我蒸餾香葉天竺葵的植材來源，原本是由
屏東的森農園藝所提供，後來於 2021 年 3 月
間，經過友人介紹，發現在宜蘭有大量種植
天竺葵的同好，得知寶貴訊息後，立刻前往
探訪這座位於宜蘭三星鄉的香草農園。

　　農園大量種植香葉天竺葵，採用自然放養，
完全不噴灑農藥，是蒸餾製作純露、精油非
常棒的植材種植方式。最重要的是它位於北
部地區，讓住在台北的我取得植材更便利，
也減少了物流運輸對植材的損耗。

　　香葉天竺葵香氣與玫瑰花十分相像，但售
價遠低於玫瑰花，因此在香氛市場中會有將
香葉天竺葵精油混充玫瑰花精油販售的情況。
香葉天竺葵的得油率高，自己蒸餾製作十分
經濟實惠，純露迷人的香氣也會讓自己沉浸
在滿滿的成就感中。

香葉天竺葵 植材預處理

香葉天竺葵純露是我個人最愛用的純露之一，會大量使用在家中及工作室的環境香氛中，也用於每日臉部皮膚的補水。尤其在夏天的冷氣房裡，我會不時噴灑天竺葵純露在皮膚上來避免皮膚過於乾燥。天竺葵的香氣也是男性比較能接受的香氣之一，非常推薦給男士刮鬍後噴灑作為收斂水使用，香葉天竺葵的香氣對於男性來說不會太似女人香，一般來說，男性對於香葉天竺葵氣味的感受與評價都是不錯的。

香葉天竺葵的精油、純露中所含的揮發性成分非常特別，囊括非常多在花朵類精油、純露才會發現的成分。像是它與珍貴的玫瑰精油、純露擁有大量相同的揮發性成分，又擁有許多香草類植物特殊的揮發性成分（像是薄荷中的揮發性成分也能在香葉天竺葵中發現），讀者比對一下章節最後的「精油純露的主要成分表」就可以發現這個現象。所以，香葉天竺葵真的是一個非常特別的植材，十分推薦用來蒸餾精油與純露。

香葉天竺葵最適合採收的季節是什麼時候呢？香葉天竺葵精油含量的多寡、揮發性物質是否飽滿，跟環境氣溫變化有著密切的關係。

有文獻對於香葉天竺葵在 1 月～ 12 月的含油率做過實驗，發現氣溫最低的 1 月精油含量最低（0.026%），12 月次低（0.0351%），而 2、3、4、5 月的精油含量隨著氣溫升高也逐漸升高，6 月到達高峰（0.20%），7 月及 8 月又會稍微降低一些（0.152%），9 月又些微回升（0.20%），10 月開始含油量（0.175%）又開始逐漸下降。

閱讀這些數字，可以明顯看出「氣溫」對香葉天竺葵精油含量的影響真的很大。最低的 1 月含油率幾乎只有 6 月含油率的 1/8。所以，「什麼時候進行採摘」是很關鍵的因素。

　經過查詢、比對文獻中植材種植城市的月平均溫度，發現該城市香葉天竺葵含油率最低的冬季月均溫都在 10℃以下，6 月、9 月含油量最高的月均溫為 27.8℃及 27.9℃，而 7、8 月溫度則會上升到 33℃，造成含油量稍微下降。

　依據以上氣溫對於含油量影響的實驗，發現香葉天竺葵在最適合它生長的溫度（22 ～ 30℃）區間時，含油量比較理想。冬季的低溫以及盛夏的高溫都會讓含油率降低，讀者們可以觀察採摘植材當地的天氣溫度，在最適合的溫度區間採收，就可以獲得含油量較佳的香葉天竺葵。

　香葉天竺葵精油蘊含於整株植物，採收的時間對於得油率沒有明顯的影響，一天當中隨時都可以採收。採收時，可保留植株下方適當長度或已木質化的枝條，讓它可以繼續生長；剪下來的香葉天竺葵，要把莖部剪成適當長度的小段（3 ～ 4cm），莖部修剪後的顆粒大小對於得油率的影響比較大，而葉子是否修剪對精油的出油率則不太有影響，所以葉子可以直接使用，不需要修剪成小片狀。

　新鮮採收的香葉天竺葵直接蒸餾最佳，如果必須先保存，可以裝袋封口後置於陰涼處或冷藏皆可。有文獻表示，保存時間在 20 天內的香葉天竺葵，其含油量沒有什麼差別，精油成分中「醇類」含量稍微下降，「酯類」含量則些微上升。

2020 年 3 月 29 日，採收於自家院子的新鮮香葉天竺葵。

香葉天竺葵　蒸餾要件

植材的料液比 = 1：6 ～ 1：8

　　新鮮香葉天竺葵的莖與葉本身所含的水分就很充足，預處理階段不需要先行浸泡，植材的揮發性成分含量也不低，建議添加約 6 ～ 8 倍於植材重量的蒸餾水進行蒸餾。

 料：香葉天竺葵 200g
液：蒸餾水 1200ml ～ 1600ml

蒸餾的時間 = 120 分鐘 ～ 180 分鐘

香葉天竺葵蒸餾過程中，前 2 個小時的精油萃取量最為明顯，2 個小時以後就沒有明顯增加，但是香葉天竹葵精油與純露的揮發性成分中，「酯類」這些熱敏性的組分含量很高，比較容易受到高溫破壞，建議可以降低加熱的火力，放慢蒸餾的速度，把蒸餾時間增長到 3 小時，以取得品質較佳的精油與純露。

蒸餾注意事項

a. 新鮮香葉天竺葵精油，比重約為 0.88 g/cm³，可以選擇「輕型」的油水分離器。
b. 植材的量不大時，只能觀察到混濁狀的純露，精油層可能不明顯。
c. 香葉天竺葵精油萃取的得油率平均約在 0.13%。
d. 香葉天竺葵精油顏色為澄清的淡黃色，略帶有玫瑰的香氣。

香葉天竺葵蒸餾準備中。

香葉天竺葵・精油主要成分（水蒸氣蒸餾法萃取）

芳樟醇 /Linalool	4.80%
α- 蒎烯 /α-Pinene	0.81%
異薄荷酮 /Isomenthone	7.35%
香茅醇 /Citronellol	30.71%
香葉醇（牻牛兒醇）/Geraniol	8.31%
檸檬烯 /Limonene	0.44%
橙花醛（順式檸檬醛）/Neral	0.55%
香葉醛（反式檸檬醛）/Geranial	0.08%
甲酸香茅酯 /Citronellyl formate	9.60%
甲酸香葉酯 /Geranyl formate	1.81%
乙酸香茅酯 /Citronellyl acetate	0.29%
乙酸橙花酯 /Neryl acetate	0.19%
β- 石竹烯 /β-Caryophyllene	1.22%
丙酸香葉酯 /Geranyl propionate	1.33%
δ- 杜松烯 /δ-Cadinene	1.81%
β- 古香油烯 /β-Gurjunene	5.33%
大根香葉烯 /Germacrene	1.10%
順式玫瑰醚 /cis-Rose oxide	0.71%
順式芳樟醇氧化物 - 呋喃型 /cis-Linalool oxide, furanoid	0.53%
苯乙醇 /Phenethyl alcohol	0.05%
薄荷酮 /Menthone	0.33%
丁酸香葉酯 /Geranyl butyrate	1.09%
α- 松油醇 /α-Terpineol	0.46%

香葉天竺葵・純露主要成分（水蒸氣蒸餾法萃取）

芳樟醇 /Linalool	18.98%
α- 蒎烯 /α-Pinene	0.14%
異薄荷酮 /Isomenthone	6.72%
香茅醇 /Citronellol	37.02%
香葉醇（牻牛兒醇）/Geraniol	14.21%
檸檬烯 /Limonene	0.24%
橙花醛（順式檸檬醛）/Neral	0.98%
香葉醛（反式檸檬醛）/Geranial	0.69%
甲酸香茅酯 /Citronellyl formate	0.74%
甲酸香葉酯 /Geranyl formate	0.35%
乙酸橙花酯 /Neryl acetate	0.15%
順式玫瑰醚 /cis-Rose oxide	0.75%
順式芳樟醇氧化物 - 呋喃型 /cis-Linalool oxide, furanoid	2.48%
苯乙醇 /Phenethyl alcohol	0.65%
薄荷酮 /Menthone	1.78%
丁酸香葉酯 /Geranyl butyrate	0.04%
α- 松油醇 /α-Terpineol	5.37%

植材資訊	森農香草
	屏東縣潮州鎮潮州路 1139 號
	0975-639-580

Lemongrass

2-20 檸檬草

學名 / *Cymbopogon citrate*
別名 / 檸檬香茅、香茅草、西印度香茅
採收季節 / 全年（6 到 9 月最佳）
植材來源 / 新北市新店區果園
萃取部位 / 全株（根部除外）

_ 檸檬草為禾本科 Poaceae 香茅屬 Cymbopogon 植物，又稱檸檬香茅，全株皆可運用，葉片和莖有檸檬香氣，在東南亞國家被當成湯品、魚肉類料理的調味品；乾燥的葉片粉碎成小顆粒後也可製成香料或搭配製成花草茶。

_ 香茅屬植物在全世界大概有 60 個品種，分布於東半球的熱帶與亞熱帶，同屬不同品種的香茅，精油中的揮發性成分也不相同，含有檸檬醛的品種可作為調製食品、製皂、化妝品的香精；主要成分為香茅醛的品種，可用來調配花香香精；主要成分為香葉醇的品種，可廣泛運用於化妝品。

_ 香茅屬植物品種多，香氣外型也類似，列舉四種除了檸檬香茅外常見的品種：

1. 香茅草 Nardus Lemongrass
   學名：*Cymbopogon nardus*，別名：亞香茅、香水茅。
2. 爪哇香茅 Citronella Java Type
   學名：*Cymbopogon winterianus*
3. 蜿蜒香茅 East Indian Lemongrass
   學名：*Cymbopogon flexuosus*，別名：東印度香茅、楓茅。
4. 馬丁香茅 Gingergrass
   學名：*Cymbopogon Martinii*，別名：玫瑰草、薑草、紅桿草。

檸檬香茅、檸檬草，學名：*Cymbopogon citrate*。

馬丁香茅 / 玫瑰草 / 薑草 / 紅桿草，學名：*Cymbopogon Martinii*，拍攝於宜蘭農場。

小分享

我們常見的香茅中，最容易混淆的就是檸檬香茅 *Cymbopogon citrate* 與香茅 *Cymbopogon nardus* 這兩種。這兩者所蒸餾出來的精油與純露，主要的揮發性成分也不同，檸檬香茅精油主要成分是「檸檬醛」，含有少量的「香葉醇」，而香茅精油中的主要成分是「香葉醇」，並沒有「檸檬醛」。

這兩者同為香茅屬卻不同品種的香茅，精油的揮發性成分有很大的差異，我們在蒸餾前的植材選擇和運用上要分辨清楚。香茅各個品種之間，有些光看外型還真的難以分辨，各品種的特殊氣味反而是比較好的分辨方式。

有文獻研究證實，檸檬草純露對於預防及治療足癬及真菌類感染有非常明顯的效果，同時，去除異味也是檸檬草純露的強項。這幾個項目都是生活中很常遇到也很有價值的應用。

檸檬草 植材預處理

　　夏天及秋天兩季是最適合採收檸檬香茅的季節，冬天由於環境溫度太低，精油的含量比較低，隨著氣溫漸漸上升，檸檬香茅精油的含量漸漸上升，6月～9月間所採收的檸檬香茅揮發性物質的含量最高。採收的時間則對精油的萃取收率沒有明顯影響，上午、下午均可，但是最好挑選在前三天都沒有下雨的日子進行採收。

　　採收檸檬香茅時，直接剪取地面上的全株植物，然後將整株植材都剪成3～5公分的小段即可。新鮮的檸檬香茅也可以先乾燥保存再蒸餾，乾燥保存的方式一般採用陰乾。

　　將新鮮檸檬香茅置於常溫陰乾，大概在30天內，含水量就可以從80%降到20%左右，乾燥保存的時間在20天到30天間的檸檬香茅萃取得油率最高，約為新鮮檸檬香茅得油率的3倍，精油的品質也比較好。

　　乾燥後的檸檬香茅，蒸餾前也是一樣剪成3～5公分的小段，先浸泡2小時以上，讓乾燥的植材先吸飽水分，以利蒸餾效率及得油率。

　　乾燥檸檬香茅的出油率與乾燥的方法也有密切的關係，有文獻研究指出，機器烘乾溫度在50℃時，出油率最高（1.30%），隨著烘乾溫度上升，出油率開始下降。陽光下曝曬乾燥的出油率為0.60%，陰乾的檸檬香茅出油率為0.90%。由於機器烘乾需要使用大量能源，並不符合經濟效益，所以建議採用陰乾方法，以陽光曝曬會降低乾燥檸檬香茅的出油率。

剪取新鮮檸檬香茅，6月～9月間所採收的檸檬香茅揮發性物質的含量最高。

預處理階段，先將檸檬香茅剪成3～5公分的小段。

將新鮮的檸檬香茅全部剪成小段狀。

新鮮的檸檬香茅預處理完成後可直接裝載進蒸餾器中蒸餾，乾燥的檸檬香茅則要先進行2小時以上的浸泡。

檸檬草 蒸餾要件

植材的料液比 = 1：8 ～ 1：10

剪成小段狀的新鮮檸檬香茅，不需要浸泡，建議使用 1:8 的料液比去蒸餾。乾燥的檸檬香茅在浸泡時，液面必須完全覆蓋過剪成小段狀的植材，需要添加較多的水，所以在液料的比例上，採用 1：10 去蒸餾。

例
料：檸檬香茅 200g
液：蒸餾水 1600ml ～ 2000ml

蒸餾的時間 = 120 分鐘～ 180 分鐘

蒸餾檸檬香茅的過程中，隨著蒸餾時間不斷增加，檸檬香茅精油的萃取量也不斷增加，在蒸餾時間 180 分鐘時可到達高點；超過 180 分鐘後，精油的得油量就沒有明顯增加，所以建議的蒸餾時間可以控制在 3 小時以內。

蒸餾注意事項

a. 檸檬香茅精油比重比水輕，可以選擇「輕型」的油水分離器。
b. 檸檬香茅精油與純露的混溶狀態不太明顯，純露比較清澈透明。
c. 檸檬香茅精油顏色是淺黃色，透明澄清，帶有檸檬的香氣，香氣清新濃郁。
d. 添加「氯化鈉」增加萃取收率的最佳濃度為 10%。

檸檬香茅・精油主要成分（水蒸氣蒸餾法萃取）

成分	%	成分	%
香葉醛 (反式檸檬醛)/Geranial	45.21%	β - 香茅醇 /β-Citronellol	0.36%
橙花醛 (順式檸檬醛)/Neral	30.46%	金合歡醛 /Farnesal	0.49%
β - 蒎烯 /β -Pinene	10.52%	β - 羅勒烯 /β-Ocimene	0.75%
香葉醇 /Geraniol	2.78%	β - 橙花醇 /β -Nerol	0.24%

植材資訊
森農香草
屏東縣潮州鎮潮州路 1139 號
0975-639-580

Citrus

2-21 柑橘屬

檸檬 *Citrus limon Burm. f.*
柚子 *Citrus maxima (Burm.) Merr.*
橘子 *Citrus reticulata Blanco.*
柳橙 *Citrus sinensis Osbeck var. liucheng Hort.*
採收季節 / 全年或各品種盛產季節
植材來源 / 市場
萃取部位 / 果皮

_ 柑橘是芸香科 Rutaceae 柑橘屬 *Citrus* 植物的總稱，是臺灣分布最廣、產量最高、產值最大的果樹。臺灣栽培的柑橘種類極多，包括椪柑、桶柑、柳橙、麻豆文旦、白柚、檸檬、海梨柑、葡萄柚、金柑、茂谷柑、萊姆、臍橙等。

_ 由於種類繁多，幾乎整年皆有柑橘類生產。如檸檬、萊姆全年皆有生產，麻豆文旦在每年中秋節前開始採收，椪柑從 10 月開始上市，柳橙從 12 月可以開始採收，而桶柑、茂谷柑則在每年 2 月上市。柑橘類產區也幾乎從臺灣頭到臺灣尾都有種植。

_ 上述種類的柑橘，都可以作為蒸餾精油與純露的植材。柑橘類植物的揮發性成分，廣泛分布在果實、葉片及花朵中，其中，柑橘果皮是萃取精油與純露的主要部位，新鮮的柑橘果皮含有大約 2 ～ 3% 的精油；另外，花朵、葉片也都可以蒸餾（如橙花、白柚花）。

中秋節應景的水果文旦柚，
也是芸香科柑橘屬的植物，
果皮也含豐富的精油。照
片攝於台南觀自在柚園。

柑橘屬植物：甜橙。

屏東果園所種植的「桔」，同樣也是芸香科柑橘屬植物。

柑橘屬植物：檸檬。

小分享

　　我們常閱讀到柑橘類精油的萃取方式，大多是使用壓榨法來取得，利用物理性穿刺、擠壓，使油胞破裂而釋放出精油，但是其實壓榨法這個萃取方式，生產時需要有強大壓榨能力的機台，比較適合大型工業化生產；而且，用壓榨法萃取精油，往往萃取得不夠徹底，於是在以壓榨法生產精油的流程中，也逐漸變成先壓榨，然後將壓榨後的皮渣，再進行一次水蒸氣蒸餾，才能萃取到最大量的精油成分。

　　對於 DIY 自製精油的讀者而言，家裡很少會有合適的壓榨設備可以使用，蒸餾法反而是比較簡單實用的方式，可以一次性取得完整的精油並取得壓榨法所無法取得的柑橘純露。

　　柑橘果皮取得容易，精油含量很高，在蒸餾階段很容易觀察到油水分離的狀況，並且收集到精油，非常適合初學蒸餾的新手操作。

柑橘屬 植材預處理

柑橘精油、純露蒸餾的預處理，有取材的部位、植材顆粒的大小和微波輔助三個重點。

1. 果皮取材的部位：外果皮

柑橘果皮分為兩層：外果皮和中果皮，精油只存在於外果皮（油胞層），中果皮是一層白色海綿狀的細胞組織，含有糖苷、纖維素、果膠等成分，這層海綿組織細胞間的間隙很大、充滿空氣，若是一起放入蒸餾，會膨脹並產生大量泡沫，同時也會吸附精油，所以預處理時，要將對於蒸餾沒有利用價值的中果皮層去除。

先用清水洗淨果實外皮，接著可以使用廚房用的刨刀，刨下外果皮備用。

2. 果皮顆粒的大小：8mm ～ 10mm

刨下來的果皮，用剪刀剪成 8mm ～ 10mm 邊長的顆粒。

曾有把檸檬皮的顆粒剪成 2mm、4mm、6mm、8mm、10mm、12mm、14mm 進行萃取收率的實驗，發現檸檬精油在 8mm ～ 10mm 時所得到的收率最高，約在 0.25% 左右。

購自超市的檸檬，果肉製成檸檬果汁，果皮則製成檸檬精油與純露，完美利用。

蒸餾檸檬精油與純露，是使用檸檬的果皮。

顆粒若剪得過小，在蒸餾的階段，這些小顆粒容易沾黏在一起，造成水蒸氣無法有效接觸每一個植材表面，導致萃取收率下降；顆粒過大，容易導致萃取得不徹底，也會造成萃取收率下降。另外，修剪顆粒時也要注意，越多次的修剪，在修剪時損失的精油就越多，越少的修剪次數，所得的精油萃取率會越高。

3. 微波輔助：功率 300W、時間 3 分鐘

切成 8mm ～ 10mm 的柑橘果皮，放置在可微波的容器中，加蒸餾水將果皮浸泡，然後放到微波爐中，功率調整到 300W，時間設定為 3 分鐘，進行微波輔助的操作。微波的能量會直接穿透蒸餾水，輻射到柑橘果皮的細胞組織中，細胞內會急速升溫膨脹，導致細胞壁破裂，細胞內所含的精油成分則會釋放出來。

文獻實驗結果也表示，並不是功率越大、時間越久就可以獲得更高的精油萃取率，固定以 300W 這個功率，微波時間在 1 ～ 3 分鐘內，萃取收率是隨著時間而上升的，而微波時間在 3 ～ 5 分鐘這個階段，萃取收率則隨著時間增加而不斷降低，原因可能是微波的時間過久，溫度升高太多，造成部分精油揮發。

家中的微波爐如果功率沒有 300W 這個選項，可以把功率 300W 和時間 3 分鐘，依照以下比例調整使用的功率與時間：使用功率 500W ，微波時間就是 300W×180 秒 / 500W = 108 秒。

蒸餾工藝課程中，
檸檬蒸餾的預處理。

將檸檬皮削下來，注意皮上白色海
綿狀的細胞組織要盡量剔除。

削下來的檸檬皮，將它切成小塊，
越小越有利於精油的萃取。

柑橘屬 蒸餾要件

植材的料液比 = 1：8 ～ 1：10

　　預處理完成後的植材，將之移至蒸餾器中，建議添加的料液比例為 1：8 ～ 1：10。柑橘類果皮精油的含量較多，同時精油所儲存的位置相較於花瓣精油多儲存於表皮細胞，其儲存的位置更深層一些，需要較多的蒸氣量才能將精油萃取完全，所以添加蒸餾水的建議量也就比蒸餾花朵類來得多。

例
料：檸檬果皮 200g
液：蒸餾水 1600ml ～ 2000ml

蒸餾的時間 = 180 分鐘～ 240 分鐘

　　蒸餾時間建議為 3 ～ 4 小時。當時間以外的蒸餾條件都相同時，精油的獲得量，在蒸餾前 3.5 個小時內，都隨時間增加而增加，在 4 個小時以後，精油的獲取量到達最高峰，但蒸餾時間若拉長到 4 個小時以上，柑橘精油的獲取量就沒有明顯的增加。所以，建議的蒸餾時間控制在 4 個小時以內為宜。

蒸餾完成的檸檬純露。

蒸餾注意事項

a.　柑橘果皮精油的比重約在 0.85 g／cm³，比重比水輕，可以選擇「輕型」油水分離器。

b.　柑橘類精油的含量較多，可以明顯觀察、收集到精油層，如果沒有使用油水分離器或分液漏斗，建議使用「長頸瓶」作為接收容器，以利於後續精油與純露分離的操作。

c.　柑橘精油的顏色多為無色到淡黃色之間，乾燥果皮蒸餾所得的精油，顏色會比較深。

d.　可以運用「微波輔助」增加精油的萃取收率。

檸檬果皮・精油主要成分（水蒸氣蒸餾法萃取）

α- 蒎烯 /α-Pinene	3.73%
dl- 檸檬烯 / dl- Limonene	42.93%
γ- 松油烯 /γ-Terpinene	8.41%
L- 芳樟醇 /L- Linalool	1.14%
α- 松油醇 /α-Terpineol	6.39%
橙花醇 /Nerol	1.72%
Z- 檸檬醛 /Z- Citral	5.50%
E- 檸檬醛 /E- Citral	6.09%
乙酸橙花酯 /Nerylacetate	2.02%
α - 紅沒藥烯 /α- Bisabolene	3.04%

柚子果皮・精油主要成分（水蒸氣蒸餾法萃取）

d- 檸檬烯 /d-Limonene	65.61%
β- 月桂烯 /β-Myrcene	27.80%
圓柚酮 /Nootkatone	1.30%
大根香葉烯 D/Germacrene D	0.68%
橙花醇 /Nerol	0.17%
β- 蒎烯 /β-Pinene	0.26%

橘子 / 椪柑果皮・精油主要成分（水蒸氣蒸餾法萃取）

d- 檸檬烯 /d-Limonene	60.4%
月桂酸 /Lauric acid	3.34%
β- 月桂烯 /β-Myrcene	0.87%
對傘花烴 /p-Cymene	0.88%
乙酸香茅酯 /Citronellyl acetate	0.48%
香檸檬烯﹝佛手柑油烯﹞/ Bergamotene	3.09%

甜橙 / 柳丁果皮・精油主要成分（水蒸氣蒸餾法萃取）

d- 檸檬烯 /d-Limonene	37.77%
β- 芳樟醇 /β -Linalool	2.19%
β- 月桂烯 /β-Myrcene	2.78%
正癸醛 /Decanal	0.64%
α - 蒎烯 /α -Pinene	0.41%
α- 松油醇 /α -Terpineol	0.30%
檜烯 / Sabinene	0.27%

Ginger

2-22

薑

學名 / *Zingiber officinale, Roscoe.*
採收季節 / **鮮薑**每年 8 到 11 月，**老薑**全年均可取得
植材來源 / 傳統市場、超市
萃取部位 / 根莖

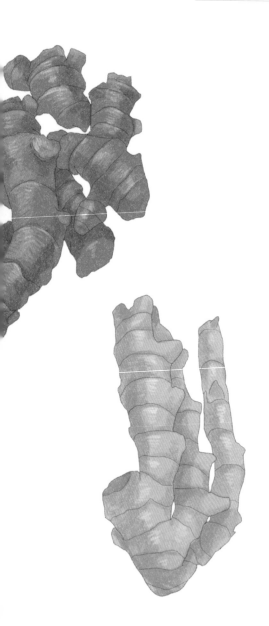

_薑屬於薑科 Zingiberaceae 薑屬 Zingiber，多年生宿根性單子葉植物，原產地在南亞，主要食用的部位為根莖，屬於藥食兩用的傳統經濟作物。

_薑屬於亞熱帶型植物，25 ～ 32℃的氣溫最適合薑的生長，冬天由於氣溫較低，薑的地下根莖會進入休眠的狀態，直到來年春天氣溫回升後才會繼續萌芽。

_臺灣栽種的品種主要是「廣東薑」，俗稱大指薑，此品種薑型肥大，新芽呈現淡紅色，肉為淡黃色，纖維比較少，辛辣強度中等。其次的品種是「竹薑」，俗稱小指薑，植株的高度比廣東薑高，根莖較長且多，新芽為紅色，肉為淡紅色，纖維比較多，辛辣強度也比較強。

_薑除了食用價值以外，薑精油也具有一定的生理活性，如抑菌、抗氧化、解熱鎮痛等，也有針對薑精油可以抑制腫瘤的相關研究。除了活性成分的應用外，薑精油的芳香氣味接受度也很高，廣泛被應用於香水香精產業，食品、飲料、製酒產業也將薑精油當成一種天然的調味劑與天然食品香料。

_臺灣南投名間鄉的農產品,除了茶葉相當有名以外,生產的薑產量也是全國最高,品質也非常好,其中所含的活性成分含量高,除了內銷以外,更將臺灣產的薑外銷到日本、美國。所以讀者若要尋找品質好的薑,南投名間鄉是很好的選擇。

完整的薑,我們所使用的部分為地下根莖。

小分享

薑在我們生活中的應用方式琳瑯滿目,例如薑茶、薑湯、乾薑片、烹調時加入薑的料理、臺灣食補的薑母鴨等等,吃薑可以促進血液循環、增強免疫力、抗過敏;天冷時淋到雨,我們也習慣喝上一碗薑湯,可以有效預防感冒。這些薑的功效都經過科學應證,也廣泛被應用在生活之中。

當我選定以薑為蒸餾植材時,首先遇到的問題,就是要分辨對薑的不同描述與定義(嫩薑、粉薑、老薑、薑母、乾薑等),所以我也藉著這個單元把薑的區分方式分享給各位,重點是依照薑的年齡來區分:

1. 嫩薑(子薑)

薑的種植期大約是在每年的 1 ～ 3 月,嫩薑的採收時間是在同年的 5 ～ 8 月,也就是生長期大約 4 個月就採收的薑稱為「嫩薑」,嫩薑的保存比較不容易,適合拿來醃漬、涼拌,不適合作為蒸餾的植材。

2. 粉薑(肉薑)

每年 8 ～ 11 月採收,生長期約 6 個月,這時薑的地下根莖肥大飽滿,呈淡褐色,外表光滑鮮亮,這時期的薑因為外皮已具有保護作用,在保存上就比嫩薑容易,適合拿來料理爆香、煮甜湯,也是最適合用來蒸餾的植材。

購自超市的老薑。由於蒸餾時間並非薑
的產季，所以購買不到粉薑，只有老薑
可以選擇。

超市購買的嫩薑。嫩薑的生長期約 4 個
月，揮發性成分還未達高峰，適合作為
食材，不適合拿來蒸餾。

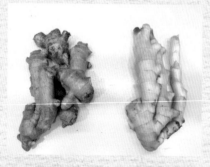

老薑、嫩薑外型比一比。老薑表皮粗厚、
顏色較深、纖維多；嫩薑表皮光滑、顏
色較淺、芽點略帶紅色。

3. 老薑

每年的 11 月到隔年採收，生長期大約 10 個月，此時期的薑根莖已完全成熟老化，呈現深褐色，外皮變得粗厚、纖維多，辣度比粉薑高、耐儲存，所以全年在市場上都可以購買到，適合拿來製成中藥、薑茶或需要較強烈的薑香氣、辣度的料理。老薑也可以拿來作為蒸餾的植材。

4. 薑母

生長期到達 10 個月不採收留種到隔年，呈現深褐色、並連接著隔年新生的嫩薑，這類與生成的子薑一起挖出的薑種，稱之為「薑母」。辣度是四者之最。

除了以上依照薑齡來區分薑的方式，還有常見的幾個品種的區分，如「竹薑」、「南薑」、「沙薑」等，這些不同品種的薑，都有著不同的香氣，不同的揮發性成分，也都非常適合取材來蒸餾，蒸餾方式都可以直接參考這個章節的工序。

弄清楚了薑的區分方式，還有一個很重要、需要區分清楚的就是薑的活性成分應用。薑的功效主要來自於兩類成分，一類就是蒸餾所取得的「揮發性成分」：薑精油與薑純露，另一類就是屬於「不揮發性成分」的薑辣素。

薑有相當多的功效來自於薑辣素，而薑辣素就是指由多種化合物組成，呈現薑特徵性辛辣風味的一種混合物。薑辣素的含量會隨著薑的年齡而增加，「薑是老的辣」就是此意，當我們把薑運用在食材、料理、薑茶飲品中，所要運用的，就是薑辣素所產生的功效。

薑辣素可以分為「薑酚類」、「薑烯酚類」、「薑酮酚類」、「薑油酮」等不同的類型，而這些化合物，都是屬於「高沸點」、「不具揮發性」的物質，所以透過水蒸餾法無法萃取到這些不具揮發性的成分；也就是說，薑精油與純露的成分中，不會含有這些薑辣素成分。

蒸餾萃取的薑精油與純露，除了具有薑的特徵香氣外，因為不含薑辣素，所以它是完全不會辛辣的。當我們在運用薑精油與純露時，是看重薑的揮發性成分的功效，而不是薑辣素的功效，這一點很容易混淆，要特別分辨清楚。

另外，採用「超臨界 CO_2 萃取」、「壓榨法萃取」或是「溶劑萃取」所得的薑精油，這類薑精油的活性成分中是含有薑辣素的。如果讀者見到薑精油的標示中含有薑辣素成分，表示它的萃取方式絕對不是採水蒸餾方式萃取，而是使用溶劑萃取所得。

註：
1. 蒸餾可取得「揮發性成分」而無法取得「不揮發性成分」的特性，可參閱 1-1 蒸餾章節（P.22）。
2. 超臨界 CO_2 萃取法與水蒸餾法所得的薑精油成分差異，可以參考本章節最末「精油與純露主要成分」，屬於薑辣素的成分特別以「紅色字體」表示，可以很容易分辨兩種不同萃取方式所得的精油成分差異。

薑 植材預處理

哪種生長時期的薑適合拿來蒸餾呢？關於這點，我們先比較不同生長時期的薑，由它的含油量來研判。

經研究表示，薑在發芽期的含油量最低，約為 1.86%，幼苗期的含油量為 3.3%，到採收時期含油量上升到 4.56%，這表示薑的揮發性成分的含量，是隨著生長過程逐漸上升的。也有研究針對粉薑與老薑的含油量去測定，發現兩者含油量的差距也很小。

另外，不同生長時期的薑所含的揮發性成分又有什麼變化呢？經研究表示，薑在不同的生長時期，所含的揮發性成分並沒有顯著差異，只是各種化合物的含量有所不同，像是檸檬醛、香葉醇、乙酸香葉酯的含量在粉薑中的含量比老薑中的含量高；老薑中的 α- 薑黃烯含量則是比粉薑中的含量高，而不屬於揮發性成分的薑辣素，在老薑中的相對含量高於粉薑約 7 ～ 8%。

透過以上兩點，我們在蒸餾薑精油與純露時，可以選擇「粉薑」或「老薑」，兩者之間不管含油率、所含揮發性成分都差異不大，而「嫩薑」由於揮發性成分太少，所以不適合作為蒸餾的植材。

適合用來蒸餾的「粉薑」與「老薑」，兩者保存方法都不難，只要常溫避光保存就可以，薑與其他植材在保存上比較不同的地方，是不適合用冷藏或冷凍保存。

薑的預處理需要將它切碎成較小的顆粒，可以有效提高揮發性成分的萃取。

把切成小顆粒的薑裝入蒸餾器，採水上蒸餾的方式。

　　至於乾燥後保存的方法，對於薑揮發性成分又有什麼影響呢？乾燥後的薑（以下簡稱乾薑）它的含油量會下降，大約只有鮮薑的 1/2，由於乾燥過程必須加熱，也會使乾薑流失少部分低沸點的揮發性成分。

　　加熱也使乾薑中揮發性成分發生改變，乾薑中大約有 9 ～ 10 種成分是鮮薑中所沒有的，而鮮薑中則有 2 ～ 3 種成分是乾薑中所沒有的，但是鮮薑與乾薑這兩者含量最高的都是 α- 薑烯，兩者共有的揮發性成分也有大約 30 種。所以，乾燥後的乾薑與鮮薑相比，除了含油率較低之外，其主要的揮發性成分是相同的，總體而言的差異並不大，也非常適合拿來進行蒸餾。

　　最後，還要注意一點就是：薑的表皮也含有許多有效的活性成分，所以在蒸餾前的預處理階段，不要將薑的表皮剔除，要連表皮一起粉碎、蒸餾。

　　無論是鮮薑或乾薑，預處理時都要先將表皮所附著的泥土洗淨，接著就可以粉碎成小顆粒。最簡單的方式就是用刀把薑切成小顆粒狀，藉以加大蒸餾時的表面積，提供較好的熱傳導效率，使含油細胞更容易脹破而有效提升薑精油的萃取收率。

　　如果選用乾薑作為植材，可以使用粉碎機直接把乾薑粉碎，有文獻實驗結果證明，使用乾薑粉碎後蒸餾，得油率最佳的粒徑大小是 0.55mm 左右，當把粒徑再縮小到 0.38mm 時，則由於顆粒太小，使得乾薑顆粒容易黏成一團，反而不利於蒸氣的通過，造成萃取收率不升反降。薑預處理時的粒徑大小，要依照個人刀工或器材進行調整，盡量接近最佳的粒徑即可。

　　如果是採用乾薑為蒸餾的植材，那麼在蒸餾前還需先進行浸泡的工序，浸泡最佳的時間為 3 小時。

薑 蒸餾要件

植材的料液比＝ 1：6 ～ 1：8

　　蒸餾薑精油與純露最建議的料液比例為 1：6 ～ 1：8，鮮薑因為含有豐富的水分，可以採用較低的比例 1：6，而乾薑因為需要進行浸泡的工序，所以建議以較高的 1：8 比例添加。

　　文獻上記載料液最佳的比例是 1：20，以這個比例進行蒸餾才能萃取到最大量的薑精油，但是考量薑純露也是我們蒸餾所定的目標產物，所以依據個人經驗，將料液的比例降為 1：6 ～ 1：8，以免收集過多的純露，對香氣表現有影響。

例

料：薑 200g
液：蒸餾水 1200ml ～ 1600ml

2021 年 07 月 19 日，以 3 公升阿格塔斯 Plus 款銅鍋，蒸餾薑精油與純露。

左邊為第一個 350ml 薑純露，右邊為第二個 350ml 薑純露。左邊的薑純露明顯呈現白色混濁狀，右邊的薑精油含量明顯減少，純露較不混濁。但是兩瓶薑的香氣都非常濃郁明顯。

薑風味可口可樂。把薑純露加入可口可樂中，讓可樂帶點薑的風味，非常好喝，加到啤酒裡也可以。讓飲料帶有薑的香氣與風味，卻沒有薑的辛辣口感。

蒸餾的時間＝ 180 分鐘～ 240 分鐘

薑精油的蒸餾時間，依據文獻顯示，蒸餾時間為 4 小時、5 小時、6 小時，薑精油的萃取收率是隨著時間增加而增加；而當蒸餾時間為 7 小時，則出現萃取率反而下降的狀況，所以建議最佳的蒸餾時間為 6 小時。但是依循經驗建議，超過 4 小時的蒸餾時間我都認為太長，所以會將蒸餾時間上限訂為 4 小時。

當然，如果讀者在時間、精力都允許的狀態下，也可以依照文獻的最佳蒸餾時間建議，將蒸餾時間延長到 6 個小時。

蒸餾注意事項

a. 使用水蒸氣蒸餾法所萃取的薑精油，其得油率大約在 0.95%～ 1.5%。

b. 薑精油的比重約為 0.87 ～ 0.89 g/cm³，比重比水輕，可以採用「輕型」油水分離器。

c. 薑精油的顏色介於淡黃色到深褐色之間，老薑所萃取的精油顏色會比較深。

d. 老薑精油的芳香性成分比較少，相對含量比較低，所以老薑蒸餾的精油與純露，芳香氣味比鮮薑略淡。

e. 蒸餾時薑純露會呈現白色混濁狀，與蒸餾臺灣土肉桂純露情況類似，屬於正確的情況。

薑‧精油主要成分（水蒸氣蒸餾法萃取）

α - 薑烯 /α-Zingiberene	25.92%
β- 倍半水芹烯 /β-Sesquiphellandrene	10.34%
α- 薑黃烯 /α-Curcumene	4.91%
β- 紅沒藥烯 /β-Bisabolene	4.55%
α- 金合歡烯 /α-Farnesene	4.49%
莰烯 /Camphene	6.10%
α- 蒎烯 /α-Pinene	1.55%
β - 蒎烯 /β-Pinene	7.48%
乙酸橙花叔醇 /Nerolidyl acetate	1.51%
橙花醛﹝順式檸檬醛﹞/Neral	5.34%
香葉醛﹝反式檸檬醛﹞/Geranial	2.21%
乙酸香葉酯 /Geranyl acetate	3.43%
6- 薑酮酚 /6-Paradol 沸點 452.00-454.00°C	0.04%
6- 薑烯酚 /6-Shogaol 沸點 427.00-428.00°C	0.07%

註：紅色字體表示的成分為薑辣素，沸點極高，屬於不揮發性成分，使用水蒸氣蒸餾法所得的薑精油中所含的薑辣素成分非常非常微量。

薑‧精油主要成分（超臨界 CO₂ 萃取）

α - 薑烯 /α -Zingiberene	22.29%
β- 倍半水芹烯 /β-Sesquiphellandrene	8.58%
α- 金合歡烯 /α-Farnesene	3.93%
β - 紅沒藥烯 /β -Bisabolene	3.87%
α - 薑黃烯 /α-Curcumene	2.62%
6- 薑酚 /6-Gingerol 沸點 452.00-454.00°C	9.38%
6- 薑烯酚 /6-Shogaol 沸點 427.00-428.00°C	7.59%
10- 薑烯酚 /10-Shogaol 沸點 498.00-500.00°C	2.36%
薑油酮 /Zingerone	9.24%
6- 薑二酮 /6-Gingerdione	1.24%

註：紅色字體表示的成分為薑辣素。超臨界 CO₂ 萃取法屬於溶劑萃取，它是以液態的二氧化碳為溶劑進行萃取，所以採用此方法萃取出來的精油，不但含有大量揮發性成分，同時也富含大量的非揮發性薑辣素成分。

CHAPTER 3

手工純露
的
生活應用

Applications of Hydrosol

　　純露擁有溫和的特性，在使用上沒有太多禁忌，適合用在身體保健、肌膚保養或維持空間香氛，應用十分多元；除了一般日常生活外用之外，作為養身飲品也非常適合，在這裡提供幾種複方純露的配方，以及將純露應用在日常生活與飲食的方法。

飲用　　　　　　敷臉　　　　　替代化妝水　　　　護膚

護髮　　　　　　沐浴　　　　　室內噴灑　　　　調香

身體保健

口腔保健

1. 複方純露漱口水 100ml
＊ 牙齦腫脹 ＊ 牙齦炎 ＊ 一般性口腔保健

配方／　薄荷純露 20ml ＋積雪草純露 20ml ＋檸檬馬鞭草純露 60ml
使用／　每日 2 到 3 次全口漱口使用（漱口完吐掉）。

2. 口氣芳香噴霧 30ml
＊ 隨身攜帶噴霧瓶

配方／　檸檬純露 15ml ＋薄荷純露 15ml
使用／　隨時噴灑於口腔內，可保持口氣芳香。

幫助睡眠

複方純露 100ml

配方 / 野薑花純露 20ml ＋香蜂草純露 10ml ＋飲用溫水 70ml

使用 / 於一天內分次或一次喝完，2 週後調整配方；睡前 2 小時不喝，以防上廁所中斷睡眠。

靈魂之窗護理

眼部紓緩複方 100ml
＊ 眼部疲勞、乾澀

配方 / 杭菊純露 70ml ＋檸檬香蜂草 30ml

使用 / 將化妝棉浸泡在純露中，取出後閉眼濕敷，每日使用數次，一次 10 至 15 分鐘。

香港腳

複方抗菌足部保養純露 100ml

配方 / 澳洲茶樹純露 70ml ＋檸檬純露 30ml

使用 / 1. 先將日常穿的鞋子清洗乾淨後，將此複方純露噴灑於鞋內；穿鞋前先使用此配方噴灑於雙足。

　　　 2. 每日使用此配方，以 1 份水：3 份純露的比例添加於溫熱水中，將雙腳清潔乾淨後泡腳 10 分鐘。

頭皮養護

1. 複方頭皮養護純露 100ml
＊ 頭皮脂漏性皮膚炎適用

配方 / 迷迭香純露 40ml ＋澳洲茶樹純露 40ml ＋薄荷純露 20ml

使用 / 洗髮後，在濕髮狀態下將此複方純露均勻噴灑於全頭頭皮後稍做按摩，再將頭髮吹乾即可。

2. 髮絲清香單方純露

＊ 去除沾染於頭髮上的異味 ＊ 頭皮汗味

配方 / 迷迭香、薄荷、野薑花、檸檬、檸檬馬鞭草、七里香
使用 / 挑選以上任一款單方純露，直接噴灑於頭髮上即可。

鎮靜紓緩鬍後水

鬍後水

配方 / 檜木、天竺葵、薰衣草、檸檬馬鞭草
使用 / 挑選以上任一款單方純露，直接噴灑於刮完鬍子的部位，輕拍至皮膚吸收。

清潔、抗菌

洗衣　使用澳洲茶樹純露或檸檬純露，以 1 份純露：3 份水的比例，在洗衣機最後一次清水洗清的程序中加入即可。

擦地　澳洲茶樹純露、檸檬純露、月橘純露擇一，以 1 份純露：3 份水的比例，加入清水中擦拭地板，作為居家環境清潔、抗菌之用。

浴廁　使用澳洲茶樹純露、檸檬純露、迷迭香純露噴灑於浴廁，清淨空氣。

空間香氛

去除氣味單方純露

✱ 烤箱內的烤魚味 ✱ 廚房內油煙味 ✱ 廁所異味 ✱ 家中寵物體味等

配方／ 野薑花、香葉萬壽菊、桂花、薄荷、檸檬馬鞭草、檸檬、百里香

使用／ 挑選以上任一款單方純露，直接噴灑於空間即可。

建議個人的使用經驗是不要超過 5 種以上的純露搭配，避免味道過於複雜。

註：在空間香氛的使用上，可以使用複方的純露互相搭配，讀者們可自行調配喜愛的味道作為空間香氛，不同的香氣碰撞會有非常奇特的新氣味呢。

以下是我自行搭配的複方香氛純露（以 200ml 計算）

可隨意噴灑在室內空間或衣物上

對味青草茶香	檸檬馬鞭草純露 100ml ＋ 積雪草純露 100ml
自然的森呼吸	香葉萬壽菊純露 150ml ＋ 薄荷純露 50ml
涼感淡茉莉香	迷迭香純露 150ml ＋ 茉莉花純露 50ml
好心情	玫瑰純露 100ml ＋ 檸檬純露 50ml ＋ 檸檬馬鞭草純露 50ml

身心症狀與對應配方

皮膚

症狀	適合使用的純露種類
粉刺	杭菊、胡椒薄荷、百里香、檸檬、積雪草
橘皮組織	天竺葵、薄荷、迷迭香、檸檬、玫瑰
蚊蟲叮咬	澳洲茶樹、薰衣草、肉桂、迷迭香、檸檬香茅
淡白肌膚	香水蓮花、玫瑰

使用方式 / 每日噴灑 3 至 4 次，或將化妝棉浸溼在純露裡，取出化妝棉濕敷 10 至 15 分鐘於皮膚上。

神經系統

症狀	適合使用的純露種類
沮喪憂鬱、焦慮	天竺葵、茉莉、杭菊、玫瑰、檸檬香蜂草、薰衣草、柚子花
頭痛	杭菊、羅馬洋甘菊、胡椒薄荷、玫瑰、迷迭香
睡眠	馬鬱蘭、茉莉、薰衣草、玫瑰、杭菊、羅馬洋甘菊、野薑花
緊張、壓力	天竺葵、薰衣草、檸檬、玫瑰、茉莉、馬鬱蘭
疲勞	薄荷、天竺葵、松柏科植物

使用方式 / 1. 每日 50 至 100ml，加入飲水中於一天內喝完，作為保健養護用。
2. 將 1 份純露：3 份水的比例，加入攝氏 40 度左右的溫熱水，每日一次泡腳或泡澡。
註：以上 2 種方式可同步進行。

呼吸系統

症狀	適合使用的純露種類
鼻塞、喉嚨痛	白蘭花、胡椒薄荷、迷迭香、百里香、尤加利、桂花

使用方式 / 1. 每日 50 至 100ml，加入溫熱的日常飲用水中，於一天內喝完。
2. 將純露加入熱水中，在喉嚨或鼻子不舒服時利用熱水的蒸氣蒸薰喉嚨，一次約 5 至 10 分鐘。

消化系統

症狀	適合使用的純露種類
腹瀉	天竺葵、薰衣草、胡椒薄荷、迷迭香
消化不良	薑、月桂、丁香、胡椒薄荷
腸胃相關	茴香、迷迭香、薑、檸檬、檸檬香蜂草
使用方式 / 每日 50 至 100ml，加入日常飲用水中於一天內喝完。	

循環系統

症狀	適合使用的純露種類
手腳冰冷	肉桂、薑、桂花、杜松
四肢水腫	迷迭香、杜松、胡椒薄荷
使用方式 / 1. 每日 50 至 100ml，加入日常飲用水中於一天內喝完。 2. 將 1 份純露：3 份水的比例，加入攝氏 40 度左右的溫熱水，每日一次泡腳或泡澡。	

其它

症狀	適合使用的純露種類
集中注意力	月桂葉、馬鬱蘭、薄荷、迷迭香、檸檬、百里香
女性生理期	茉莉、檸檬香蜂草、薰衣草、鼠尾草、馬鬱蘭、玫瑰
使用方式 / 每日 50 至 100ml 加入日常飲用水中，於一天內喝完。	

症狀	適合使用的純露種類
掉髮	迷迭香、百里香
脂漏性頭皮癢	澳洲茶樹、迷迭香、百里香、薄荷
使用方式 / 洗髮後濕髮狀態噴灑於頭皮，輕輕按摩吸收，再吹乾即可。	

飲品

氣泡水

作法 / 　純露 1 份，以下純露擇一或複方添加入氣泡水中。

配方 / 　檸檬、柚子、玫瑰、檸檬馬鞭草、玫瑰天竺葵、葡萄柚、桂花。

雞尾酒

作法 / 　純露 1 份，以下純露擇一或複方添加入雞尾酒中。

配方 / 　檸檬、柚子、玫瑰、檸檬馬鞭草、薰衣草、胡椒薄荷、野薑花、杜松。

水果酒

作法 / 　純露 1 份，以下純露擇一或複方添加入水果酒中。

配方 / 　檸檬馬鞭草、薰衣草、胡椒薄荷、檸檬香蜂草。

咖啡

作法 / 　純露 1 份，以下純露擇一添加入咖啡中。

配方 / 　肉桂、桂花、胡椒薄荷。

茶湯

作法 / 　純露 1 份，以下純露擇一添加入包種茶湯中。

配方 / 　桂花、香葉萬壽菊、玫瑰、杭菊、檸檬馬鞭草、香葉天竺葵、檸檬。

烹飪、甜品

燉飯

在烹煮燉飯時，以純露代替高湯別有一番風味，可使用香水蓮花、肉桂葉、迷迭香等。

沙拉

可在沙拉上噴灑純露增添香氣，建議選用檸檬馬鞭草、檸檬、柚子等。

雞湯

杭菊雞湯、積雪草雞湯都是人氣湯品，在雞湯燉煮完成後，加入純露能讓味道更為鮮甜。在杭菊花產地苗栗銅鑼鄉，花季期間很多花農會使用杭菊鮮花燉煮雞湯。

純露入菜食譜

以下 4 種將純露應用在餐點中的方式，提供讀者參考。

食譜作者：張暘 Killn

白蘭花純露果醬

材料

柑橘果肉 1000 克
（去外皮，去籽，去膜後的重量）
萊姆 1 顆
糖 400 至 600 克
（依喜好甜度調整，糖的比例至少不低於果肉重量 40%）
蘭姆酒少許
白蘭花純露 50 至 100 克
鹽之花少許
香草莢三分之一根

a. 備料

1. 柑橘去皮後，盡量剝除外表的白色纖維與薄膜，把果肉切碎或放入調理果汁機打成泥。
2. 剝下的柑橘外皮，用刨刀削下最外薄層帶有豐富精油的外皮後切絲。
3. 擠出萊姆汁備用，同樣以刨刀削下最外薄層帶有豐富精油的外皮後切絲。
4. 汆燙柑橘絲與萊姆絲以去除苦味。

b. 製作

1. 將汆燙過後的柑橘絲與萊姆絲放入鍋中，加入糖（可依果皮絲數量調整），加入少許萊姆汁後開小火一起煮。
2. 熬煮至糖融入果皮絲、看起來水亮黏稠後，加入所有的果肉、果泥與剩餘的萊姆汁之後，轉中火熬煮。
3. 等到水分減少約 10% 至 15%，加入剩餘的糖、少許蘭姆酒、白蘭花純露與少許鹽提味，香草莢剪開後刮下香草籽一同加入，轉小火熬煮。
4. 持續攪拌，將果醬煮至黏稠即完成。
5. 將煮好的果醬裝入高溫消毒過的玻璃瓶，放涼後上蓋保存，此時果醬就會因為果膠與糖的作用呈現黏稠狀態。

Tips1.
果醬熬煮小技巧

煮果醬時必須不停攪拌，特別是後期水分煮發後，要將果醬煮至黏稠，若無法判斷黏稠程度，可以從鍋中果醬的水位下降程度判斷。大約煮到水位下降至 50%，整個過程至少需要一個半小時以上。

Tips2.
在果醬中
加入白蘭花純露

在果醬中加入白蘭花純露，能增加優雅、細緻的甜美滋味，口味更為豐富、不死甜；此款配方如果想要單純凸顯白蘭花香，可以不加香草籽。

白蘭葉純露米飯

材料

白米一杯 180 克
水 170 克
白蘭葉純露 10 克

製作步驟

1. 白米淘洗兩到三次，至洗米水無粉質
   或能清楚見到米粒。
2. 加入水及白蘭葉純露，放置半小時至
   一小時後蒸熟。

Tip.
白蘭葉純露的
料理運用心得

白蘭葉純露相較於白蘭花純露，少
了許多花香，卻增加了清新奶香的
風味，加入白蘭葉純露煮出的白米
飯特別適合與重口味料理搭配，特
別是傳統臺菜或上海菜，除了有解
膩的效果之外，米飯也會因為白蘭
葉純露而更為香甜。

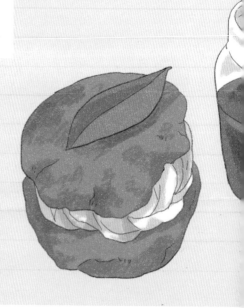

月桂純露司康

材料 約做 8 個

低筋麵粉 150 克
粗玉米粉（Cornmeal）50 克
無鋁泡打粉 2 茶匙（6 克）

無鹽奶油 50g
鹽少許
砂糖 40 克

雞蛋 1 顆
原味優格 60 克
月桂純露 10 克

製作步驟

a. 備料

1. 奶油切成小丁。
2. 低筋麵粉混入粗玉米粉、無鋁泡打粉後拌勻、過篩。
3. 雞蛋打散後過濾筋膜，取更細緻的蛋液。

b. 製作

1. 過篩後的麵粉與砂糖、鹽放入盆中，加入切好的奶油小丁，用刮拌或切拌的方式，將奶油與麵粉拌到鬆散如砂土的狀態，過程中須注意溫度不能過高。
2. 加入蛋液、優格與月桂純露，快速拌和成無粉粒的麵團，不可搓揉以免起筋。
3. 製作完成的麵團用保鮮膜包起，放入冰箱冷藏40 分鐘。
4. 將冰過的麵團桿成長方形，對摺後再桿成長方形，重複四次，最後將麵糰桿成厚度約 2 至 2.5公分左右的長方形麵皮。
5. 用圓形模具壓出小圓餅，剩餘麵皮可以集合後再壓模。
6. 小圓餅放入烤盤，小圓餅之間預留膨發的距離，小圓餅表面可以塗刷一層牛奶液或蛋黃液。
7. 將烤盤放入預熱至 180 度的烤箱，烤 15 至 20分鐘，表面呈現金黃色即可。

> Tip.
> **月桂純露的料理運用心得**
>
> 製作這道點心的初衷，是想透過純露的添加改善烘焙糕點不好消化的問題，同時透過辛香味純露平衡奶油的膩口。歐洲料理中，月桂是常見的辛香料，月桂純露在改善消化的同時，也具有穩定情緒的效果，就像甜點一樣。而添加月桂純露的司康，除了帶來濕潤口感外，入口時多了充滿青草香氣的甜蜜口感。

鼠尾草奶油麵疙瘩

材料

a. 鼠尾草麵疙瘩

馬鈴薯 300 至 400 克

小麥麵粉 100 克

蛋一顆

鼠尾草純露 50 克

鹽 少許

b. 培根奶油醬汁

奶油 40 克

鮮奶油 120 克

帕瑪森起司 40 克

洋蔥 1/2 顆

蒜頭 少許

鹽 少許

黑胡椒 少許

培根 兩條

c. 配料

蘆筍 50 克

食用巨星海棠 適量

製作步驟

a. 備料

1. 馬鈴薯連皮放入加有鼠尾草純露的水煮熟，純露添加量依個人喜好調整。
2. 蛋打成蛋液。
3. 麵粉過篩。
4. 一條培根切碎，平底鍋不加油，小火煎至焦脆，製作成培根脆脆。
5. 一條培根切碎丁。
6. 洋蔥切成碎丁。
7. 蒜頭切成碎丁。
8. 蘆筍汆燙，放涼備用。

b. 製作

鼠尾草麵疙瘩

1. 煮熟後的馬鈴薯把皮剝除，搗壓成泥，加入蛋液、少許鹽與過篩的麵粉，攪拌均勻後揉成團。
2. 把麵團整成長條狀，切適當大小的塊狀後揉成小團，放入加有鼠尾草純露的煮滾鹽水中，煮至浮出水面後立刻撈出備用。

培根奶油醬汁

平底鍋小火，奶油熱鍋後加入蒜頭碎丁與洋蔥碎丁炒香，再加入鮮奶油、培根碎丁、適量鹽，煮滾後放旁邊備用。

---

c. 組合

鼠尾草麵疙瘩

1. 平底鍋放少許橄欖油，將鼠尾草麵疙瘩煎至一面焦黃。
2. 加入培根奶油醬汁、黑胡椒與培根脆脆，拌勻後裝盤，撒上帕馬森起司。
3. 放入汆燙放涼的蘆筍與食用巨星海棠裝飾。

Tip.
鼠尾草純露的
料理運用心得

鼠尾草在義大利料理中是家常的運用香料，通常使用新鮮鼠尾草製作奶油醬汁，新鮮鼠尾草製作的料理會帶有鼠尾草特殊的辛香；而使用鼠尾草純露烹飪，能在保留青草香氣的同時降低新鮮植物的辛辣感，轉為些微苦香且增加甘醇口感。這樣的組合與白醬料理特別搭配且平衡。

CHAPTER 4

DIY
純露
問與答

Questions about Hydrosol

Q1. 到底能夠收集多少純露？

首先，我們先了解關於「純露」的定義：萃取芳香植物揮發性成分，利用「水蒸氣蒸餾法」或是「共水蒸餾法」，蒸餾出來的產物經過冷凝、收集起來，然後靜置等待精油層與水層分層後，將精油層與水層分開，其中的精油層就是芳香植物的「精油」，水層則是所謂的「純露」。

從這個定義上來解釋，在蒸餾的過程中，只要還能夠收集到精油，蒸餾就會繼續進行，直到不再有精油被蒸餾出來才會停止，也就是在到達「蒸餾終點」前所收集到的水層，都可以算是純露。

所以我們也可以簡單把它定義成：芳香植物在蒸餾過程中，只要還有揮發性成分萃取出來，在「蒸餾終點」前我們收集到的水層就可以稱為純露。

只要加入的「料液比例」是正確的——也就是植材與加入的蒸餾水比例是適當的，讓蒸餾能夠在正確的蒸餾終點停止，那麼在這個蒸餾過程中所蒸餾出來的水層，都是富含植物揮發性成分的純露。

註：「料液比例」與「蒸餾終點」的關係，請參閱章節 1-5，P.71。

Q2. 蒸餾使用的水源有什麼要求？

蒸餾用的水源，請盡量使用「蒸餾水」或是市面上銷售的「純水」，家中的自來水含有氯並不適合，而市場上琳瑯滿目的各種「山泉水」、「鹼性水」、「礦泉水」等，這些水中的礦物質、離子都對蒸餾沒有任何正面的幫助，並且售價也比「蒸餾水」還要貴，不需要浪費錢去買這些水來蒸餾。

Q3. 植材需要清洗嗎？

非必要。

我們在選擇蒸餾植材的時候，大多會挑選有機栽種或友善農法栽種的植材，這些植材都不會有農藥殘留的問題，所以在取得植材後可以放心蒸餾，不需要進行清洗；如果選擇的植材是乾燥過的，在蒸餾前大多會先採用浸泡工序，所以不需要清洗，直接進行浸泡即可。

當然，如果植材在採收過程附著大量的泥土和雜質，也可以盡量將泥土、雜質去除後，再進行蒸餾。

若非不得已必須使用噴灑過農藥的植材，或不確定植材是否有噴灑過農藥時，就請先以大量的清水反覆清洗數次後，再進行蒸餾。

Q4. 哪裡才能取得植材？

這個問題就跟如何取得「能安心食用的食材」一樣。自行栽種植材，能把關每一個植物生長的過程，當然是最安全可靠的途逕；如果必須跟小農購買，要先了解「是否為友善栽種？」「是否有用農藥？」「採收期前的用藥時間（藥品殘留）？」

書中有 22 種植材來源，都是我親自去查訪過的。最省事的方法，就是直接向這些小農購賣。

Q5. 純露香嗎？

純露是蒸餾植物所得的產物，蒸餾萃取出來的是植材中的揮發性成分，基本上純露會大致保有活體植材所散發出來的氣味，但蒸餾過程會讓這些揮發性成分的組分產生改變，以致於蒸餾所得的產物呈現的氣味也會有所改變，氣味變化的程度也因植材所含的揮發性成分有所不同。

所以，如果你希望取得具有香氣的純露，那麼建議選擇花朵類植材，花朵類蒸餾所得的純露，香氣會很接近活體的花香（例如玫瑰純露就比玫瑰精油更接近玫瑰花的香氣，茉莉純露的香氣也非常接近活體茉莉花香）；而香草類植材蒸餾所得的純露，大部分就是植材所呈現的特殊氣味（例如薄荷、肉桂純露的香氣，都跟採摘植材後搓揉所散發的香氣非常相似。）

關於植材的活體香氣成分、精油香氣成分與純露香氣成分間的差異，可以參考 P.286 附錄中「偶遇香水新工藝」這篇文章，內有較詳細的比較與介紹。

Q6. 純露裝瓶的材質需要用哪一種？

茶色玻璃瓶是首選，也可以使用不透光的塑膠材質（如 HDPE、LDPE、PP、PET）或鋁製的容器。

純露跟精油一樣，內有對光敏感的活性成分，必須用茶色或可以有效遮光的容器來保存。若使用 PE、PP、PET 這些塑膠材質，請注意它的耐受溫度。

PET（聚乙烯對苯二甲酸酯）耐受溫度約 60 ～ 85℃。
LDPE（低密度聚乙烯）耐受溫度約 70 ～ 90℃。
HDPE（高密度聚乙烯）耐受溫度約 90 ～ 110℃。
PP（聚丙烯）耐受溫度約 100 ～ 140 ℃。

如果家中只有普通的透明玻璃，找不到茶色的避光玻璃瓶，也有一個實用簡便的替代方法，能與茶色瓶一樣達到遮光效果，就是用家中的鋁箔紙把玻璃瓶包裹起來。

Q7. 蒸餾出的純露為什麼需要過濾？

蒸餾過程中，接收容器清洗保存不恰當，或在蒸餾階段也會有許多肉眼看不到的微粒與雜質，透過上升的蒸氣氣流，被夾帶到蒸餾出來的產物中。為了避免這些微粒與雜質污染蒸餾產物，一定要進行「過濾」這道工序。

通常我們會以為只要接收容器清洗乾淨，就已經足夠了，但其實這些清洗過的容器一旦存放在環境中，就會有許多細小的灰塵，或擦拭時所殘留下來的棉絮、衛生紙纖維等，所以，蒸餾後處理中的過濾工序是必要。

千萬不要偷懶省略這個步驟！讓微粒污染辛苦所得的產物，可就得不償失了。讀者也可以自己進行一個小小的實驗，把沒有過濾過的蒸餾產物，用倍數大一點的放大鏡觀察，相信你會見到許多細小的微粒與纖維等雜質。

Q8. 純露可以喝嗎？

經過有機認證、植材來源清楚的純露才能喝，某些植物的純露最好稀釋後再飲用，例如：菊科類純露偏寒，喝太多容易拉肚子，必須稀釋後飲用。

Q9. 蒸餾加熱時，可使用哪些熱源？

以銅製蒸餾來說，較大型（如 20 公升以上）的蒸餾器，可使用柴火或木炭會比較節省能源，小型蒸餾器（2 至 10 公升左右）可使用瓦斯、電熱爐、電陶爐（銅製蒸餾器不可以使用電磁爐）。如果以電能或燃料轉換成熱能的轉換效率來說，是瓦斯爐＞電磁爐＞電陶爐，熱轉換的效率越好，表示越省能源、越省錢。

註：要使用電磁爐的蒸餾器具或鍋具，必須能滿足一個條件：具備「磁性」。拿個磁鐵測試，如果能吸附上去就代表材質具有磁性，可以滿足使用電磁爐來加熱的條件。「銅製」蒸餾器不具備「磁性」，所以無法使用電磁爐當作加熱熱源。

另外，市場上有許多銅製廚房鍋具，鍋底採用「複合式」材質，把不鏽鋼等磁性成分加在銅製鍋具底部，讓它也能使用電磁爐；但目前這類產品僅限於廚房用鍋具，銅製蒸餾器還沒有廠商製做出這類「複合式鍋底」的產品。

Q10. 銅鍋燒乾了，該如何處理？

首先，用水長時間浸泡、軟化鍋底焦黑的碳化物，然後嘗試用菜瓜布小面積磨除髒污，如果菜瓜布的效果也不好，則可以嘗試用號數 # 400 的海綿砂紙，輕柔的、小面積去磨除焦黑物。

要注意的是，銅這個材質硬度相當低，千萬不要用力過猛或太大力去刷洗，否則都容易留下明顯刮痕，不鏽鋼製的金屬球刷因為硬度太高，所以不太推薦使用。此外，也不要拿上述這些工具去刷洗銅鍋外觀，否則就像汽車烤漆一樣，會產生一道道刮痕，需要重新打磨、拋光才能恢復原貌。

Q11. 精油含量較高的純露品質較好嗎？

如果蒸餾製程沒有問題（植材液料比、植材處理都正確），純露中的精油含量（揮發性不溶於水的物質）應該會呈現飽和狀態，所以在正確的料液比例、蒸餾時間的控制下，蒸餾出來的純露中，精油含量應該都呈現飽和並且一致，也就是說蒸餾出來的每一滴純露中，已經混溶了飽和且一定量的精油，不能單純以精油含量分辨純露的好壞。

但是，如果蒸餾的製程有問題（植材比例過低、接收的純露過多等），就有可能導致蒸餾出來的純露中精油含量過低，達不到飽和的狀態。這種狀況下，精油含量高的純露，就比精油含量少的純露品質優良。

Q12. 我蒸餾出來的純露為什麼容易出現雜質（在油水分離階段，純露特別混濁甚至呈現乳白色的狀況）？

有些植材蒸餾出的純露會呈現混濁甚至乳白色狀態（肉桂、香葉萬壽菊），通常造成這種現象有幾個原因：

1. 植材的精油含量比較大。
2. 精油的比重非常接近水的比重。
3. 精油的成分中含有比較多親水性的成分。

以上這幾種原因都可能造成蒸餾出來的純露特別混濁，也不容易在剛蒸餾完畢後就進行油水分離。通常遇到這種現象，將純露靜置時間拉長到 3 至 7 天就會恢復澄清，只要給精油與純露足夠的時間，大部分的精油與純露還是會乖乖分開的！

＊混濁與靜置分離的時間與現象，可以參考 P.121 臺灣土肉桂的章節。

除了植材特性所造成的混濁結果以外，若以蒸餾的操作過程評估，雜質產生也有可能是以下原因：

一、蒸餾階段

1. 蒸餾器的形狀屬於蒸氣出口部較窄小的設計，蒸氣流速較高。
2. 加熱的火力控制不當，火力過強，控溫過高。
3. 植材放置的量過多、上方蒸氣出口的空間不足。（這個情況特別會發生在共水蒸餾：植材浸泡於水中，而液面的位置過高）

高流速、火力過強、液面上方空間不足，這幾個錯誤導致不屬於產物的物質一起夾帶了出來，所接收到的不只是上升的蒸氣，還包括因沸騰滿溢到上方接收部、應該要留在蒸餾器的底物溶液。

二、油水分離階段

分液漏斗上方的精油層和下方的純露層，靜置後應該可以達到油水分離的狀態，前段所述的狀態會讓兩者中含有的雜質（不屬於蒸餾產物）過多，這些雜質中大多有植物中的蠟質，所以容易出現精油層、水層有乳化、混濁與絮狀物的現象，甚至精油層在分離後，還會凝成果凍狀。

另外，在油水分離的階段，如果劇烈振搖過精油層與水層，容易造成下方水層嚴重的油水混溶、乳化、變色、混濁的現象。狀況一旦發生，就需要非常長的靜置時間，甚至長期靜置也可能沒辦法恢復了。

避免與解決的方法：

1. 選用蒸餾器時，一定要了解每種形式的特性，若屬於窄口高流速款式則火力不宜太猛。
2. 植材是否採離水蒸餾的方式較佳？如果選擇共水蒸餾，一定要注意填料的液面高度。
3. 產物餾出後，在油水分離的階段，靜置時間可以長一點，讓分層有充分時間達到最佳狀態，在這個階段千萬不要大力去振搖它，否則狀況只會更糟糕。除了靜置，也可以嘗試改變溫度，微微加熱或降低溫度來看看分離狀態是否改善。

註：蒸餾過程中多多少少都會帶出一點蠟質，如果只是微量，基本上屬於正常範圍，最多讓精油看起來有些許混濁。有些特殊的植材（例如沉香精油）容易產生這種狀況；或是蒸餾工序中器材的選擇、工藝不佳，過多不該被蒸餾出來的非揮發性成分隨著過多過大的蒸氣氣流被夾帶到蒸餾產物中，如果這些物質量太多時，蒸餾出來的精油與純露分離後會凝固成果凍狀。（這種型態類似溶劑萃取後，蒸除溶劑後的「凝香體」），這時候就需要做精油的蒸餾後處理，純化去除這些雜質。

小分享

「凝香體」是指植材使用溶劑萃取，待蒸除溶劑後，所得的類似果凍狀的香氣物質，這種香氣物質其實就是「精油」與「蠟質」的混合物。

許多花朵類植材中含有大量蠟質，會溶於萃取用的溶劑中，在萃取精油的同時，蠟質也會被溶劑萃取出來，當萃取程序完成將溶劑蒸除後，這些蠟質會與精油混合成狀似果凍的「凝香體」，這時候如果要去除這些蠟質並取得精油，一般可以用 95% 的乙醇浸泡這些凝香體，由於精油可溶於乙醇而蠟質不能溶於乙醇，便能進一步將兩者分離。

沉香木的結香部分以水蒸氣蒸餾法所得的精油，明顯呈現果凍狀也含有很多雜質。

先將沉香精油以合適的溶劑（例如：正己烷）加以稀釋，讓它不再呈現不可流動的果凍狀態。

以分液漏斗來進行清除沉香精油雜質的步驟，下方飽和食鹽水層呈現混濁，顏色也有改變，表示有許多親水性成分已進入飽和食鹽水層中。

經正確方式洗滌雜質後的沉香精油，恢復了精油該有的清澈透亮。

洗滌沉香精油所清洗出來的雜質。

Q13. 分次採集的植材該如何保存？

以玫瑰花來說，花期短（一般為 30 天左右）、花朵香氣非常容易損失，所以摘採後必須即時蒸餾使用，否則出油率及精油品質都會很快下降。但是，我們無法種植、採集到足夠一次蒸餾的大量玫瑰花，因此玫瑰花的正確保存方式對於 DIY 蒸餾者來說，就變得相當重要。

冷凍的方式能長時間保存玫瑰花，且不影響出油率（有文獻證明），所以，最好的方式是將採摘下的玫瑰花使用真空包裝，再放置於冰箱中冷凍，收集至可蒸餾的數量後即可操作。

Q14. 蒸餾時精油的收率怎麼計算？

精油萃取收率的計算公式如下：精油萃取收率＝精油萃取所得的重量（單位：公克 g）/ 蒸餾植材的重量（單位：公克 g）×100

舉例來說，100 公斤的茶樹萃取出約 2500ml 的精油，精油萃取率是多少？

首先，我們要先將所得的 2500ml 茶樹精油換算出它的重量，茶樹精油的比重約為 0.8 g /ml，所以將 2500ml×0.8 = 2000g，2000g / 100000g×100 = 2%，茶樹精油的萃取收率即為 2%。

關於精油萃取收率的計算與應用，在章節 1-8 也有比較詳細的介紹，可以參考 P.92。

Q15. 冷凍的植材蒸餾時需要解凍嗎？

最好是解凍後再蒸餾，否則會耗費較久的時間、花費較多的能源。另外，冷凍保存的花朵呈現結凍狀態時，花瓣變硬，花朵體積較難以壓縮，會影響蒸餾器裝填植材的分量，這一點也必須考量進去。

Q16. 所有的植物都可以蒸餾嗎？

任何植物都可以利用「蒸餾」這個方法，達到萃取其揮發性成分的目的。

但在蒸餾植材前，最起碼要問自己兩個問題：第一個問題是「這個植材有沒有毒性」，另一個問題是「萃取出來的產物到底有什麼成分？該怎麼運用這些成分？」

如果這兩個問題都有答案，代表你對這個植材有基本的了解，也知道該怎麼去運用，那麼，這個植材絕對是可以拿來蒸餾的植材。

「路邊的野花不要亂採！」這句話還真不是沒有道理的。某些植物具有毒性，在臺灣山區常見的植物如夾竹桃、曼陀羅、雞母珠，路邊常見的銀膠菊與海邊很容易見到的海檬果，這些都屬於有毒植物，想蒸餾萃取前請先確認所使用的植材是否安全。

因此，在蒸餾前參考資料與文獻是相當重要的，從中能了解植物的特性、是否具毒性等相關訊息；不了解植材就貿然進行蒸餾，不僅不會運用蒸餾產物，更具有一定的危險性！

Q17. 陳化是否需要接觸空氣？

「陳化」的過程可以定期打開瓶蓋，讓純露接觸空氣，定期開蓋有助於陳化的速度。打開瓶蓋、接觸空氣有兩個意義，一是讓低沸點成分揮發到大氣中，另一個是讓氧氣能再度進入體系之中。

這兩個作用在「陳化」章節有比較深入的說明，請參考 P.100。

Q18. 陳化與醒酒的差異？是否能將純露放入醒酒瓶加快陳化速度？

在陳化的章節中，我們已解說了「陳化」的機理，以及影響陳化的各項作用。那麼，陳化與醒酒有什麼差異？

其實，醒酒與醒酒器的作用，就是要加大氧化的作用力度，盡量在越短的時間內，加大酒體與氧氣的接觸，所以無論是醒酒時搖晃酒體或將酒體反覆傾倒（甚至有製造成花灑效果的醒酒器具），這些其實都是要增加與氧的接觸面積，這與陳化階段「溶解氧的氧化作用」有相同的機理。

至於是否可以放入醒酒瓶加快陳化的速度？按照理論來說，這絕對是可行的，但在實際上，倒是不需要那麼費功夫。

怎麼說呢？紅酒開瓶後就是要立即品嚐，但為了達到最佳賞味條件，所以要用特殊方法或是醒酒器在「最短時間」內加大與氧接觸的作用力，以軟化紅酒中的丹寧；而純露我們可以讓它在正確的環境中有比較長的保存陳化時間，讓這些作用力慢慢發生影響，所以不太需要用到類似醒酒器的作法。

Q19. 鍋底物如何運用？

蒸餾的鍋底物可當作食用色料使用，例如蒸餾玫瑰花後鍋底蒸餾水是深紅色的，可作為食用紅色色料，用於製作餅乾、麵包、麵條、各式食材的著色。

有些鍋底物含有大量對身體有益的活性成分，有文獻記載，將玫瑰蒸餾底物進一步過濾、處理、添加後改善口感，可製成富含活性成分的飲品。

另外也有同學將蒸餾底物用於泡澡，也是另一項保養肌膚的使用方式；蒸餾使用過的植材也可作為堆肥使用。

Q20. 「過濾雜質」工序也能濾掉細菌嗎？該使用哪一種濾紙？是否需要添購其他的設備？

使用濾紙的目的，不是用來過濾細菌。純露完成後，需要進行過濾工序，處理蒸餾過程中被蒸氣流帶入產物的微粒雜質，或是在各個工序中，空氣中的灰塵與雜質落入產物所造成的污染，並不是要藉著過濾工序來過濾掉「細菌」。

基本上，蒸餾過程中所到達的溫度都足以殺死細菌，就像製造飲用蒸餾水一樣，蒸餾出來的水基本上已處於無菌狀態，我們只要專注在純露會接觸到的各器材表面，以及接收容器的滅菌就可以了。

也就是說，所有會使用到的道具（如漏斗、接收容器、分裝容器）都要先經過滅菌處理再使用，另外，也要戴上一次性手套與口罩等，這樣就能避免過濾雜質時把污染物帶入原本無菌的純露之中。

濾紙的選擇方面，有人覺得需要用到 2μm 的濾紙才能過濾細菌，但這種作法多用於不以「蒸餾」方式製作飲用水時——必須讓水通過極小孔徑以達到除菌效果，日常生活中最常見的就是家用逆滲透過濾系統，它透過加壓方式將水「擠過」極小的濾孔以除菌，也因為孔徑太小，不透過加壓方式根本無法使水順利流過這麼小的孔，必須使用加壓馬達。

咖啡濾紙與實驗室使用的濾紙（如 ADVANTEC NO.1）都足以過濾掉這些微粒雜質。當然，你也可以選擇孔徑較小的濾紙（實驗室用的號數越大，孔徑越小），但要注意的是，濾紙孔徑越小，過濾速度會越慢，你必須花上大量時間在過濾的階段。

另外，純露中所含的精油由於表面張力較大，在過濾過程中，部分會被吸附在濾紙表面而無法順利被過濾下來，會損失一部分精油，孔徑越小，損失也就越大；所以，刻意選擇小孔徑濾紙並非比較好的作法。

如果一次蒸餾需要過濾的量很大（甚至到達商業用途），可能要考慮添購能「減壓過濾」（俗稱抽濾）的設備以對應較大的過濾量，節省過濾時間。

TIPS:

過濾工序中，如果覺得精油被吸附在濾紙表面很可惜，可以在過濾完成後，使用少量的
95%台糖酒精去沖洗濾紙，並把這些沖洗濾紙的乙醇接收保存下來。

濾紙表面上吸附的精油會被95%的乙醇溶解，而被乙醇溶解的精油就能輕鬆通過濾紙。
接收下來的乙醇先密封保存，當下次又蒸餾到相同植材時，就能用同一瓶保存下來的乙
醇沖洗濾紙，反覆多次的操作，可以增加這瓶乙醇中的精油含量。

發現乙醇中的精油味道越來越明顯後，可以將其放在室溫中，打開蓋子讓乙醇慢慢揮發
掉，當瓶中全部的乙醇都揮發後，所累積、沖洗下來的精油，就會出現在瓶底。

Q21. 銅鍋出現「銅綠」是正常的嗎？該如何避免？

銅鍋表面在潮濕的空氣中，會被氧化成黑色的氧化銅，而這層黑色的氧化銅
再繼續與空氣中的二氧化碳作用，生成所謂的「銅綠」或「銅」。

銅綠要生長的條件，是銅要在有二氧化碳（CO_2）氣體和氧氣（O_2）的情況下才
可生成，二氧化碳與氧都容易溶解於水中，所以，銅容易在潮濕的條件下產
生銅綠，銅綠是銅（Cu）、二氧化碳（CO_2）、水（H_2O）與氧（O_2）共同作用下生
成的產物。

其反應方程式是：$2Cu+H_2O+CO_2+O_2 \rightarrow Cu_2(OH)_2CO_3$

所以，要避免銅鍋產生銅綠，就別讓銅鍋接觸水氣與空氣，但在臺灣這種海
島型潮濕氣候下很難避免。網上會教大家在銅器表面塗上一層薄油以隔絕水
氣與空氣，但這種作法容易污染到蒸餾產物，比較適合用在銅製擺飾或工藝
品上，個人覺得不適合用在蒸餾銅器上。

蒸餾後徹底清潔銅鍋，接著用乾布將銅鍋內外表面的水徹底擦乾，避免水殘
留在銅鍋表面，然後再用合適的塑膠袋或報紙將銅鍋包裹起來，也可以使用
保鮮膜包裹，盡量隔絕空氣。

銅綠屬於非揮發性的無機物，它不會隨著蒸餾過程跑到產物之中，就算有非
常細小的銅綠微粒被蒸氣夾帶到蒸餾產物中，也會在過濾工序中被汰除，不
會對蒸餾產物造成污染。

Q22. 純露冰過再使用常溫寄送會壞掉嗎？

純露結冰就像水結冰一樣，同樣屬於物理性變化，結冰後再退冰，並不會影響純露中的成分。

冰過的純露再使用常溫寄送，也不會影響純露。環境溫度的改變，只是會影響純露中各組分的溶解度、揮發度，並不會在短時間造成對純露的傷害。

Q23. 如何知道純露壞掉了？

1. 參考製造商的製造日期及使用有效期限。
2. 觀察到純露中出現菌絲、棉絮狀的懸浮物時，就表示純露已經受到污染而變質，請不要再使用囉！
3. 用嗅覺觀察純露的味道，如果出現變質或酸敗，純露會有不好的氣味生成。

瓶中的純露有明顯的棉絮狀菌絲，已經壞掉了。

Q24. 如果省略或忘記進行過濾工序，純露會比較容易變質或酸敗嗎？

進行過濾是為了去除掉蒸餾過程中，隨蒸氣被夾帶進產物的微粒雜質，並沒有過濾微生物或細菌的功能，忘記操作或省略過濾工序，不會造成純露易變質跟酸敗的狀況，變質或酸敗與容器和器具的滅菌是否確實比較相關。

但試想一下，如果發現裝罐後的純露有肉眼可見的細小纖維或微粒雜質，是不是很容易讓人對品質產生不好的印象，甚至對整個製程產生懷疑？就像一道色香味俱全的湯品，忽然發現其中有一根小小的頭髮……

所以，我還是強烈建議不要省略、忘記進行過濾。

偶遇香水新工藝

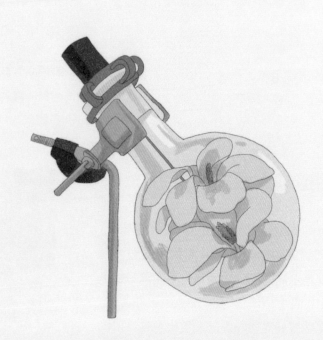

「蒸餾法」、「溶劑萃取法」都是用來萃取植物揮發性成分的常用方式，兩種方式各有其長處，也各有所短處。蒸餾法利用揮發性成分的沸點與水蒸氣蒸餾的特性來萃取揮發性成分，溶劑法則是利用揮發性成分的極性大小來進行萃取；而以這兩種方式萃取所得的揮發性成分，通常都無法完整還原植物活體時所散發出來的氣味，一定會有許多揮發性成分在萃取的過程中流失，所以一種新的萃取科技（頂空萃取法）便因應而生。

「活體香氣的捕捉」，學術一點的名稱應該是「動態頂空萃取」（Dynamic Headspace Extaction），「動態」是指萃取時會用特定的氣體（如氮氣）進行吹掃然後再吸附捕捉。植物的香氣（揮發性成分）經分析其組分，幾乎都已經能掌握確實的成分及含量，但這些微小分子間的質量關係與互動，都牽動著香氣的層次與質感。

大自然的調配手法穠纖合度，讓人造科技相形見絀，所以用動態頂空萃取植物的活體香氣，確實是個聰明又實際的好方法。

英國香水品牌 Jo Malone London 在其 2017 年限量版星木蘭香水的廣告上，表示此款香水便是以上述的萃取新工藝所研發調製而成，於是我對它起了興趣，但由於此款為 2017 年限量版，所以無緣一聞；不過，我到專櫃欣賞了以同工藝萃取的 2018 年新款「忍冬與印蒿」，這種香氣真的很自然，確實宛如活體花香，把一切氣味分子融合得恰如其分。

　　藉著「偶遇香水新工藝」這個議題，我順便利用手邊文獻來檢視玫瑰花的活體、純露和精油，其 GC-MS 所分析出來的香氣組分，也看看這些成分的質量關係與互動對於香氣的影響。

玫瑰活體、純露及精油揮發性成分相對含量			
	玫瑰活體	玫瑰純露	玫瑰精油
醇類 Alcohols	50.74%	58.85%	27.9%
萜烯 Terpenes	8.44%	2.33%	1.06%
酯類 Esters	20.74%	0.53%	1.65%
醛類 Aldehydes	5.05%	0.1%	0.44%
酮類 Ketones	2.8%	4.39%	2.26%
酚類 Phenols	1.75%	28.22%	6.0%
醚類 Ethers	0.14%	0.02%	0.07%
酸類 Acids	4.76%	5.57%	

玫瑰活體香氣、純露及精油的揮發性成分比較

● 玫瑰純露、精油和活體香氣均以醇類化合物為最主要的揮發性成分，其中純露在三者中佔有最高的醇類化合物比例。玫瑰精油中由於含有大量以高碳烷烴為主的玫瑰蠟成分，導致醇類化合物相對含量較低。

玫瑰活體香氣、純露及精油各類揮發性成分相對含量前幾名的成分		
	玫瑰活體	玫瑰純露	玫瑰精油
醇類 Alcohols	苯乙醇 22.87% 香茅醇 17.08% 苯甲醇 1.94%	苯乙醇 44.1% 香茅醇 5.06% 香葉醇 1.92% 橙花醇 0.36%	香茅醇 22.12% 香葉醇 5.04% 芳樟醇 0.32% 苯乙醇 0.27%
萜烯 Terpenes	檸檬烯 6.32% α- 蒎烯 1.34% 羅勒烯 0.48%	檸檬烯 0.42% 香葉烯 0.04%	金合歡烯 0.75% 大根香葉烯 0.17%
酯類 Esters	乙酸香茅酯 4.32% 乙酸苯乙酯 3.14% 十六酸甲酯 6.9%	乙酸苯乙酯 0.21% 乙酸薄荷酯 0.32%	乙酸香茅酯 1.29% 乙酸香葉酯 0.33% 乙酸橙花酯 0.03%
醛類 Aldehydes	苯甲醛 2.02% 己醛 2.05% 呋喃甲醛 0.56%	苯甲醛 0.01%	檸檬醛 0.29% 壬醛 0.08% 庚醛 0.07%
酮類 Ketones	α- 異佛爾酮 1.67% 丙酮 0.62% 二苯甲酮 0.28%	異薄荷酮 1.74% 右旋香芹酮 1.82% 胡薄荷酮 0.37%	2- 十三酮 1.99% 2- 卞酮 0.27%
酚類 Phenols	甲基丁香酚 1.11% 丁香酚 0.64%	丁香酚 25.44% 甲基丁香酚 2.7%	甲基丁香酚 5.34% 丁香酚 0.66%
醚類 Ethers	玫瑰醚 0.14%	玫瑰醚 0.02%	玫瑰醚 0.07%
酸類 Acids	己酸 2.56% 十二酸 0.64% 辛酸 0.43%	苯乙酸 2.89% 苯甲酸 1.2% 香葉酸 0.6%	

註：玫瑰精油中高碳烷烴的玫瑰蠟類成分不列入其中。

● 香茅醇、香葉醇、苯乙醇、橙花醇及它們的酯類是玫瑰花香的主體香成分。香茅醇和香葉醇使玫瑰香氣具有甜味，含量越高香氣越偏甜。「香茅醇」具有清香、花香、柑橘香、玫瑰香的香氣特徵；「香葉醇」具有甜的花香、木香、青香、柑橘香、檸檬香的香氣特徵；「苯乙醇」具有新鮮清甜的玫瑰花香的香氣特徵；「橙花醇」具有甜的花香、木香、柑橘香、檸檬香的香氣特徵。

三者所檢出的醇類化合物數目和種類基本類似，其中精油以香茅醇和香葉醇為主，活體香氣中苯乙醇相對含量高於精油，而純露中以苯乙醇佔有絕對優勢，在所有類型化合物中也是含量最高的。因此玫瑰純露具有典型的苯乙醇型清甜香氣特徵。若拿純露與精油相比較，純露與活體香氣更為接近。

● 萜烯類化合物是構成玫瑰精油前段香氣的必要組分，在玫瑰香氣中賦予新鮮的前段香氣和天然感。萜烯類化合物在純露中含量較低，與精油相似，明顯低於活體香氣中的總體相對含量。純露中的萜烯類化合物種類數目與活體香氣較接近，兩者均明顯高於精油中的萜烯類化合物種類，這是因為精油在水蒸氣蒸餾萃取的過程中處於高溫環境，導致萜烯類成分散失，這與玫瑰鮮花會隨著氣溫升高導致萜烯類成分減少是相似的。因此，純露與精油相比較，純露更接近活體香氣中的新鮮和天然感，香氣的層次和質感更為細緻。

● 在活體香氣中，酯類化合物的相對含量和種類數目較高，僅次於萜烯類和醇類化合物，尤其是幾種主要醇類化合物的相應酯類（如乙酸香茅酯等），在鮮花中佔有重要的地位；而酯類在精油中相對含量較少，在純露中只檢出微量或未檢出。純露中酯類化合物的缺乏和含量較低使其香氣較單薄，整體上不如活體香氣濃郁飽滿。

● 純露、精油和活體香氣中的酚類化合物均以丁香酚和甲基丁香酚為主。純露中丁香酚含量遠高於活體香氣和精油，成為僅次於醇類的成分。酚類物質是影響風味和形成苦澀味的主要物質，其中丁香酚和甲基丁香酚等能起輔助作用，使玫瑰香氣香甜濃郁，但若香氣過於濃郁而沒有較高比例的清香成分，則會使香氣過於甜膩而質感不足。所以酚類物質的相對含量，也左右著感官所聞到香氣的質感。

　　所以，藉由頂空萃取技術的發展，我們才得以了解玫瑰的活體香氣裡面，到底含有多少揮發性成分以及各類揮發性成分的含量又是多少，再藉由得到的這些資訊去和純露、精油進行比對分析，我們就可以明白為什麼蒸餾出來的純露、精油所呈現的香氣，往往和活體植物的香氣有一些落差。因為在蒸餾萃取的過程中，我們無法取得完整的揮發性成分，也無法還原揮發性成分彼此間的相對含量。

　　玫瑰花中所含的香氣成分，除了前段簡單敘述了一些香氣的組分、含量以及香氣組成分子間的相互影響之外，玫瑰在其生命過程的花蕾期、初開期、半開期、盛開期和盛開末期，香氣的成分種類和含量也存在明顯差異；這些香氣成分的改變，也藉由「頂空萃取技術」得到最為科學的印證。除此以外，玫瑰品種和栽培條件等因素也會造成香氣成分的差異。

　　所以，要調配出宛若天然植物香氣的香水，我們可以想像實驗複雜的程度。我曾在蒸餾工藝的課程中，特別安排一小段以香氣單體進行調香的內容，按照玫瑰活體香氣揮發性成分的含量為標準，讓學員們嘗試以單體化合物調配出最接近玫瑰活體香氣的香水，但調配出來的結果總與活體香氣有不小的差距。

　　而英國香水品牌 Jo Malone London則以最先進的頂空萃取科技，完整捕捉活體香氣的成分與含量，所得到的結果，完全保留了大自然的絕佳的調香工藝，所製作出來的香水真的如同鮮花般鮮活、有靈性，有機會閱讀此文的朋友，不妨找機會去專櫃，實際領略新萃取技術的產品。

註：文內成分分析取材引用文獻「玫瑰活體香氣和花水成分及含量變化研究」（Study On Aroma And Flower Water Constituents And Contents Of Rosa Rugosa）

植材處理表

註：標注有 ✳ 號的植材，推薦給 DIY 蒸餾新手。

	植材名稱	蒸餾部位	預處理要點	料液比例	蒸餾時間	保存方式	注意事項
✳	澳洲茶樹	枝、葉	- 茶樹 9 月到次年 2 月含油量最高。 - 採收需間隔 5 個月以上。 - 老葉優於嫩葉優於細枝條。 - 採收時剔除主幹。 - 蒸餾前可浸泡 6 小時。	1:6-1:8	120-150 分鐘	可乾燥後保存	- 乾燥後含油量、品質會下降。
	臺灣土肉桂	枝、葉、樹皮	- 全年可採收，以 7～9 月最佳。 - 葉片精油含量最高。 - 7～9 月精油含量最高。 - 採自然陰乾的乾燥方式品質最佳。 - 新鮮與乾燥葉片的揮發性成分差異不大。 - 乾燥的臺灣土肉桂葉蒸餾前可先浸泡 2 小時。 - 臺灣土肉桂精油比重比水重，油水分離器需選擇「重型」。 - 純露易呈現混濁乳白色，勿以為此現象是操作錯誤。 - 純露可存放於冰箱 2～3 天再進行油水分離。	1:6-1:10	90-120 分鐘	可乾燥後保存	- 乾燥保存時間太長，含油量會下降。
	茉莉花	花朵	- 花期每年 5～10 月，7、8 月最佳。 - 雨後三天不採收、陰天不採收、上午不採收。 - 屬「氣質花」，花不開完全不香。 - 採收「微開期」的茉莉花。 - 採收後，控制環境溫度、濕度、花堆溫度，等待當天晚上茉莉花開始釋香。 - 開始釋香後 6 小時，將到達釋香高峰。 - 挑出釋香中茉莉花全朵進行蒸餾，剔除未釋香的茉莉花。 - 可移除茉莉花的花萼與花梗。 - 茉莉花「酯」類含量很高，宜採「水上蒸餾」、溫和加熱。 - 茉莉花精油比重與水很接近，純露易呈現混濁狀。	1:4-1:5	180-240 分鐘	可短時間冷藏保鮮	- 冷藏保存最佳時間 6～12 小時，冷藏時間太長易導致茉莉花「酶」的活性降低，影響香氣釋放。 - 冷藏最佳溫度約為 15 度左右。 - 冷藏僅能稍微延後茉莉花釋放香氣的時間，無法進行長時間保存。 - 絕對不可以冷凍保存，冷凍後的茉莉花不會釋放香氣。

植材名稱	蒸餾部位	預處理要點	料液比例	蒸餾時間	保存方式	注意事項
白蘭花	花朵	- 挑選微開的花朵。 - 清晨 6：00～9：00 採收。 - 易氧化，需盡快蒸餾。 - 取花瓣。 - 蒸餾前可浸泡 2 小時。 - 儲存、運送階段需慎防氧化產生發酵味。	1:5-1:6	180-240 分鐘	可冷藏、冷凍、真空冷凍保存	- 冷藏與冷凍的目的均為避免白蘭花氧化產生香氣改變，故時間不宜太久。 - 葉片乾燥宜採陰乾，不宜陽光曝曬。
	葉	- 選擇老葉。 - 蒸餾前可浸泡 2 小時。 - 乾燥後蒸餾。 - 可用微波輔助法。	1:8-1:10	180-240 分鐘	可乾燥後保存	
月橘	花朵	- 花期 4～10 月。 - 清晨 5：00～9：00 採收，下午香氣衰退。 - 挑選盛開的花朵。 - 開花時間短約 4～5 天，等待盛開的花量最大時採收。 - 蒸餾取盛開花朵、剔除莖、葉、未開花苞。	1:5-1:6	180-240 分鐘	可冷藏、冷凍、真空冷凍保存	- 冷藏與冷凍時間均不宜太長。 - 乾燥月橘香氣不佳，不建議採用乾燥保存。
	葉	- 月橘葉精油含量略高於月橘花。 - 新鮮或乾燥皆可。 - 乾燥月橘葉蒸餾前可浸泡 2 小時。 - 可用微波輔助法。	1:6-1:8	120-150 分鐘	可乾燥後保存	
＊ 玫瑰	花朵	- 取半開期、盛開期的花朵。 - 採全朵玫瑰蒸餾。 - 早晨 9：00 以前採收。 - 「後熟階段」：採收後可平攤靜置 6 小時，讓「酶」作用，提升得油率。 - 宜採「水上蒸餾」。 - 宜選強香多瓣型玫瑰。 - 含多種「酯」類成分，加熱宜溫和。	1:3-1:4	180-240 分鐘	可冷藏、冷凍、真空冷凍保存、可乾燥後保存	- 冷藏保存時間短。 - 真空冷凍保存時間約 3 個月或更久。 - 乾燥後玫瑰香氣改變，不建議乾燥後保存。
野薑花	花朵	- 夏季最佳。 - 挑選盛開期的花朵。 - 微開的野薑花先採回，插入水中等待開花。 - 未開的花苞無香氣，勿蒸餾。	1:5-1:6	120-180 分鐘	可冷藏保存	- 冷藏保存的時間不宜太長。
香水蓮花	花朵	- 不同顏色香水蓮花的含油量與揮發性成分均不同，但差異不大。 - 全朵蒸餾，去除過長花梗。 - 可採不同顏色混合蒸餾。 - 完全綻放的花朵才可進行蒸餾。 - 宜剪成小塊狀。	1:5-1:6	120-180 分鐘	可冷藏短時間保存	- 冷藏保存時間越短越好，最好僅在物流階段使用冷藏。 - 物流時的環境需注意。

植材名稱	蒸餾部位	預處理要點	料液比例	蒸餾時間	保存方式	注意事項
杭菊	花朵	- 苗栗銅鑼鄉每年 11 月間舉辦杭菊季，可購買新鮮的杭菊花。 - 新鮮或乾燥的杭菊花蒸餾前可浸泡 10 小時。 - 新鮮、乾燥皆可蒸餾，兩者揮發性成分差異不大。	1:10-1:14	180-360 分鐘	可採冷凍保存、真空冷凍保存、可乾燥後保存	- 真空冷凍可長時間保存（約 3～6 個月）。 - 乾燥後也可長時間保存
✳ 桂花	花朵	- 精油的含量為初花期＞盛花期＞末花期。 - 宜採初花期花朵，但只採收初花期的花朵比較窒礙難行，可挑選初花期與盛花期採收。 - 桂花含豐富單寧，易變色褐化，盡早蒸餾或冷凍保存。 - 冷凍保存與新鮮桂花得油率只有些微差距。 - 乾燥的桂花含油量下降超過 50%。 - 蒸餾前可先浸泡數小時到隔夜。 - 加熱宜溫和。	1:4-1:5	120-180 分鐘	可冷凍保存、可乾燥後保存	- 冷凍保存時間勿超過 1 個月。 - 乾燥後香氣品質與含油量均大幅下降。
香葉萬壽菊	花、葉、全株	- 秋季含油量較高。 - 花期可單獨採收香葉萬壽菊的花進行蒸餾。 - 單獨採收葉子進行蒸餾也可以。 - 採收全株（根除外）蒸餾亦可。 - 含油量葉＞花＞莖。 - 進入花期，莖葉的含油量會下降。 - 混合花朵進行蒸餾，產物的香氣品質較佳。 - 花朵、莖、葉三者所含「主要揮發性成分」相同。 - 新鮮、乾燥皆可蒸餾，兩者揮發性成分差異不大。 - 乾燥的香葉萬壽菊蒸餾前可浸泡 2 小時。	1:6-1:8	180-240 分鐘	可乾燥後保存	
白柚花	花朵	- 花期在每年 3～4 月間。 - 挑選始花期、盛花期花朵，未開花苞不採。 - 宜挑清晨採收。 - 採全朵蒸餾，去除過長花梗。 - 乾燥白柚花蒸餾前可浸泡 30 分鐘。 - 宜採「水上蒸餾」。 - 含多種「酯」類成分，加熱宜溫和。	1:8-1:10	180-240 分鐘	可冷凍、真空冷凍保存、可乾燥保存	- 冷凍保存時間不宜太長（一個月內）。 - 冷凍後蒸餾所得產物香氣與新鮮差異很小。 - 經乾燥保存的白柚花，香氣與新鮮白柚花有差異，建議採新鮮白柚花進行蒸餾。

植材名稱	蒸餾部位	預處理要點	料液比例	蒸餾時間	保存方式	注意事項
薄荷	莖、葉、全株	- 採全株（根除外）蒸餾。 - 新鮮、乾燥皆可蒸餾，兩者揮發性成分差異不大。 - 莖部含油量比葉子低。 - 莖部剪成 1～2cm 小段狀。 - 乾燥的薄荷蒸餾前可浸泡 4 小時。	1:5-1:8	180-240 分鐘	可乾燥後保存	- 乾燥保存時間宜在半年內，若超過半年含油量將會大幅下降。
積雪草	全株	- 採全株（根除外）蒸餾， - 清水洗淨泥土、雜質。 - 新鮮、乾燥皆可蒸餾。 - 剪成 1～2cm 小段。 - 乾燥的積雪草蒸餾之前可以先浸泡 4 小時。	1:5-1:6	180-240 分鐘	可乾燥後保存	
檸檬馬鞭草	葉	- 6 月精油含量最高。 - 精油含量從早上 8：00 開始升高，至中午 12：00 達到高峰。 - 採收時避開較粗、木質化的莖。 - 採收時宜取植株上半部。 - 花期時精油含量變低，應避開。 - 宜取葉子蒸餾，莖的含油量只有葉子的 1/30。 - 新鮮與乾燥皆可蒸餾，兩者揮發性成分差異不大。 - 乾燥的檸檬馬鞭草，在蒸餾前可先浸泡 2～4 小時。	1:5-1:6	120-150 分鐘	可乾燥後保存	
甜馬鬱蘭	全株	- 採全株（根除外）蒸餾。 - 晴天、下午 2：00～4：00 採收，含油量較高。 - 採收後 2～3 天必須蒸餾完畢。 - 新鮮、乾燥皆可蒸餾。 - 剪成約 1cm 小段。 - 花序與全株揮發性成分差異不大。 - 乾燥的甜馬鬱蘭，在蒸餾前可先浸泡 2 小時。	1:8-1:10	180-240 分鐘	可乾燥後保存	
檸檬香蜂草	莖、葉	- 春、秋兩季採收較佳。 - 植株高度超過 20～30cm 時可採收。 - 植株頂端 1/3 處精油含量最高。 - 香蜂草葉精油含量比莖部高。 - 新鮮、乾燥皆可蒸餾。	1:6-1:8	150-180 分鐘	可乾燥後保存	- 新鮮香蜂草香氣較佳。 - 乾燥後保存時間不宜太長，特徵香氣會漸漸變淡。

植材名稱	蒸餾部位	預處理要點	料液比例	蒸餾時間	保存方式	注意事項
迷迭香	莖、葉、全株	- 全年可採、夏秋兩季最佳。 - 中午 12：00～下午 2：00 採收最佳。 - 新鮮與乾燥後的迷迭香，蒸餾產物的主要成分皆相同。 - 全株蒸餾（根部除外）或單獨蒸餾迷迭香葉皆可。	1:6-1:8	120-150 分鐘	可乾燥後保存	- 乾燥後可長時間保存。
＊ 香葉天竺葵	莖、葉	- 全年可採，氣溫 22～30°C 採收最佳，冬季低溫、夏季高溫時含油量較差。 - 避開植株下方木質化的部位。 - 莖部預處理時要剪成小顆粒。 - 「酯」類含量高，加熱宜溫和。	1:6-1:8	120-180 分鐘	可常溫保存 20 天	- 可常溫保存 20 天，其含油量沒有明顯降低。
檸檬草	全株	- 夏秋兩季，6～9 月精油含量高。 - 雨後三天不採收。 - 常溫陰乾 20～30 天，得油率最高。 - 陽光下乾燥會降低得油率。 - 剪成 3～5cm 小段。 - 乾燥的檸檬草，在蒸餾之前可先浸泡 2 小時。	1:8-1:10	120-180 分鐘	可乾燥後保存	
＊ 柑橘屬	果皮	- 全年皆有「當令」的柑橘屬果實可以選擇。 - 取外果皮。 - 果皮中白色海綿狀細胞組織記得要去除。 - 剪成邊長 8～10mm 的小塊狀。 - 可用微波輔助法。	1:8-1:10	180-240 分鐘	可冷藏保存	
薑	地下根莖	- 選擇粉薑或老薑，勿使用嫩薑。 - 鮮薑含油率優於乾薑。 - 薑的表皮不要剔除，保留下來。 - 切碎成小顆粒狀。 - 乾薑蒸餾前可先浸泡 3 小時。 - 純露易呈現混濁乳白色，勿以為此現象是操作錯誤。 - 純露可存放於冰箱 2～3 天，油水分層的狀態會比較明顯，純露會較為清澈。	1:6-1:8	180-240 分鐘	可乾燥後保存、常溫保存較佳	- 不適合冷藏保存。 - 薑精油與純露的活性成分中，不含薑辣素，所以只有薑的特徵香氣，並不會辛辣。

學員心得

SABON 華敦國際有限公司

感謝老師今天安排的課程,櫃上同事都很喜歡,老師的課程內容非常豐富且多元,在介紹精油以及植物油外也教導許多專業用詞,讓同事在銷售上能有更專業的解說,也更容易讓客人了解我們品牌使用的成分。真的非常謝謝老師!

職人分享

羅景彥(熊爸)

現為法國波爾多酒莊體質調查員
SSI 日本酒學講師暨酒匠
日本酒雜誌 UMAI 專欄作者
WINE & TASTE 品迷網專欄作者,經營有臉書「熊爸在法國」

我本身從事酒類教育,從生活中留意各種香氣一直是酒類教育上最重要的環節;從聞香到酒鼻子的訓練,我深深覺得香氣訓練應該繼續精進。爾後因為進修了調香課程,發現從時令植栽中能找到更多細微氣味的變化,為了瞭解更多蒸餾與氣味變化原理,因此來參加余珊老師的純露精油蒸餾課程。

課程中除了讓我更清楚蒸餾原理外,也和老師討論精油純露外的酒類再蒸餾作法;隨著愈來愈多元的植栽處理方式、浸泡參數與製酒方式,余珊老師專業且親切的教學態度令我印象深刻,課程後的教導與討論激發我更多製酒的火花,現在我正努力使用不同的浸泡手法進行酒類再製,不論在理論或實務上都有許多新的體驗;非常感謝老師在蒸餾這條路上給我的啟發,未來如果有更進階的課程,一定會再來向老師學習,期待未來能和老師有更多互動及討論。

傑恩咖啡烘豆師 王詩如

2019 WSC 世界盃虹吸咖啡大賽 臺灣冠軍烘豆師
2018 WCE 臺灣咖啡沖煮賽及咖啡調酒 雙冠軍烘豆師
2017 WCA 世界愛樂壓大賽 臺灣冠軍
2015 WCE 世界沖煮大賽 臺灣冠軍
2013 WCRC 世界烘豆師大賽 季軍
2011 美國烘豆大賽 亞軍（首位亞洲女性獲獎）

從事咖啡行業的過程就是一場深度的感官探索，為了讓自己在嗅覺上的辨識和記憶能力更深刻，我開始蒸餾芳香的學習之路。

入手蒸餾機之後，對於許多天然材料的特性和蒸餾的控管其實還是門外漢，從余珊老師的書中，對於保存品質和萃取都有了一些初步的概念，發現老師有開純露蒸餾的實作課程，更是立馬報名！現場架起了三套的蒸餾設備，老師也在現場直接示範、講解，對於我來說受益匪淺。

純露之於我，主要的用途跟大家外敷、保養的需求大不同，而是為了天然風味上的訓練和鑑別；自然，我的發問也就更偏向不同原料的蒸餾實作。余老師有豐富的實作經驗，後續也跟我分享在流程上不同的小細節，目前我用起蒸餾機十分得心應手！

職員分享

嘉南藥學研究生 蘇懿婕

余珊老師的蒸餾工藝教學，除了學術理論的論述以外，讓學生實際操作演練的「震撼教育」更不在話下。實際演練過，馬上就知曉「問題在哪裡了」！這種經驗會直接記在腦海中，是最直接的學習法，非常期待進階班的課程。

▎職人分享
▎亦宸農場 鄭麗菁

本身對純露不陌生，甚至超愛用，所以我自種植材、自己蒸餾，把薰衣草蒸餾成花水使用，茶樹純露則拿來消炎殺菌⋯⋯用得不亦樂乎，但似乎只懂得皮毛而已，總覺得不夠專業。去年在臉書上看到余珊老師開了一門純露和植物油的課，很開心的跑去上課，因為我終於找到有關純露的教學了，我後來又再上了蒸餾工藝的實作課程。

很高興遇到了余珊老師和 Eddie 老師，願意無私分享和教授正確的蒸餾工藝，有理論、有數據、有實作，讓我不再像盲人摸象一樣自己摸索，對純露也有更專業的認識。希望自己能向老師學習更專業的工法，用新鮮安全的植材蒸餾出純淨的純露，讓更多的人認識純露。

▎職人分享
▎森農香草 郁孟樺

幾年前開始從事蒸餾工作，選擇一鍵式蒸餾設備，香草剪一剪、洗乾淨後丟下去蒸餾，但 2 個禮拜後，花類純露開始生菌絲，一個月後，除了茶樹、肉桂外，草本植物也開始長菌絲，面對退貨與批評，我開始找尋錯誤的所在。

網路很多同業説，這是正常的，因為沒有加抗菌劑，但直到參加余珊老師的課程後才知道 ，原來純露需要過濾與滅菌！以前上過其他芳療課程，他們教了不少方法，其中印象最深刻的就是使用 Brita 過濾，還有各式滅菌方法；不過照其方式蒸餾後，不是味道不見，就是花了一筆錢買設備後，問題依舊存在。

直到遇見余珊老師後，我完全愣住！之前海量搜尋、閱讀、上課所學習的蒸餾程序，完全被打破。蒸餾其實很簡單的，有著正確的方法、嚴謹的態度、匠人的精神，蒸餾出來的純露品質就是無可比擬。

在錯誤中學習錯誤的方法，依然是惡夢一場；在徬徨無措中，指引正確的道路，就是心靈的寄託。余珊老師教的蒸餾方法，就是這麼樸實無華且簡單有效。

艾俐森

我喜歡種植香草，想學習採收自有農園的有機香草來萃取純露。在查找資料的過程中閱讀到余珊老師的書，覺得受用無窮之餘，又在書上看到老師的臉書專頁，剛好最新的貼文是老師預定要開的蒸餾工藝課，課程內容的介紹一看就很有幫助，因為坊間相關的課多偏向蒸餾純露的體驗坊，並不能滿足我想深入了解蒸餾原理、各種設備和植材處理等的求知渴望。我立刻報了名，和老師聯繫上後還被老師加入社團，有機會從腦中一片空白開始浸潤在蒸餾世界裡，從三月報名等到五月上課，整個過程都萬分期待。

上課內容完全符合我的期待與需求。一進教室就看到大陣仗的蒸餾儀器展示，各種規格的銅製蒸餾鍋，和實驗室等級的圓球玻璃燒杯等蒸餾設備，光用眼睛看就已視覺飽足，更不用說每組儀器都是為了提供給我們實作的蒸餾工具。

老師堅持小班教學，讓每兩人一組合作操練蒸餾過程，配合理論的詳說，進行實證學習，真的親眼、親手、親身見識了完整的蒸餾工藝知識與技巧。針對植材的處理，老師除了分享她全臺走透透的尋訪、向小農收購的經驗之外，還帶來親自栽種、芳香四溢的玫瑰，讓學員能實際進行植材預處理（檸檬果皮、茶樹枝葉、玫瑰花瓣的蒸餾前置作業），且因芳香植物種類太多無法盡述，老師更一步步帶領如何查詢學術資源，給我們魚吃又教我們怎麼釣魚。這種延伸性的自我學習資源真的讓人十分感動，對於在課後想獲取加深、加廣的植材蒸餾應用的學員而言，不啻是最寶貴的學習資源。

上余珊老師的蒸餾工藝課，能感受到老師對各種在地植物、蒸餾知識的追尋與熱情，更難能可貴的是，課堂上還有化學專業的 Eddie 連袂教學；專業知識有了淺顯易懂的詳細解說，讓學員更清晰明白蒸餾純露的來龍去脈。

綜合老師們的切身經歷、對學員的手把手教學、給予高質量實作器材，更有嚴謹的理論印證、支持，和各種完整的親身實作經驗，還沒上完課，我就趕緊報名進階課了！學習到正確的蒸餾純露、提煉精油知識，從此我便能從自家農園到廚房餐桌，以生長在同一塊土地上的芳香植物，照顧和保養全家人的身心健康；倘若有豐盛的產出，還能分享給更多家人和朋友；甚至創立品牌、經營事業、獲得利潤，讓自己有能力投入更長遠的芳香生涯。我由衷感謝引領我入門的余珊老師，讓我的夢想開始醞釀、成形。

職人分享
廖苑君

綠之苑有機生態農莊
新竹縣大墩山休閒農業發展協會理事

余珊老師的課程，深入淺出、細心介紹了純露的製作，從機器的選擇比較，到加熱工具對於純露的影響，有評有據的引用文獻來引導學員；課後老師也邀請大家進入她的學員社團，持續維持純露知識的課後學習。我很喜歡余珊老師的課程，也非常感佩老師對於純露的熱愛和分享，中年後重當學生，學習新領域的知識，又遇到余珊老師熱情分享，是一件很開心的事情。

個人所經營的有機農場也得益於余珊老師的課程和分享的知識，讓農莊上乾淨的有機香草有另一種出路，也活化了農場的氣氛；另外，老師推薦的美美的純露萃取儀器，也確實很吸睛，謝謝余珊老師的推薦。

職人分享
芳香學苑 靳千沛

如果說芳香精油是植物的精髓，是生命的動力，那麼純露就是與植物如影隨行的泉源。每次為了讓學生觀察蒸餾過程，必須帶著大批人馬到國內外農莊採收和蒸餾，總是大費周章，常想著若能將這一切搬進教室該有多好。

在這種思維下遇見余珊老師，她將精油與純露的淬煉過程、思想、態度、觀察和專業無私呈現在課程裡，看似簡單的動作卻是為學員默默付出了一生的研究。

透過余珊老師的引導，終於可以將儀器和花草搬進教室，透過觀察和體驗讓大家將精油與純露的關係、產出過程完全打開，這是最棒的體驗式學習，讓我們的生活更能輕鬆接近大自然。

THE TURTLE SPIRIT 云喜工作室 鍾季芝

能夠上到余珊老師的課，無法只用「超值」來形容！

因為很喜歡香草跟純露，所以一路自己摸索製作，找了很多書跟資料，資料非常難找、製作過程的疑問也很多。當時家裡有一台坊間流行的一指純露機，許多網路文章、課程教做出來的成品讓我心中滿滿的問號，想當然耳，使用成效也非常不佳。

後來有機會看到余珊老師的著作，才知道原來純露品質要好，有各方各面的條件：植水比、設備、保存、植材整理都是專業，驚訝於原來臺灣也有對純露製程非常專業的老師，立馬激動報名課程。

上課的過程是很精緻的小班教學，有什麼疑問老師都很耐心的回答，余珊老師多年的經驗，加上 Eddie 老師的化學合成專業背景，兩相結合把課程帶出新的高度、廣度和深度：課程帶入實驗室的精準精神跟專業的分析化學組成、引導我們如何找尋植材成分的資料等等學術的訓練，懂了原理，才能懂如何變化。

課程中能感受到老師們對純露的熱情，在每個小環節都是那麼細緻、充滿巧思，精緻的工藝來自對專業的嚴謹追求。課後，學員們能加入余珊老師的課後社團，和一群熱愛美好香氣的老師同學們一同研究，真的是非常令人感動的事；尤其是遇到實作問題時，馬上有解答實在太重要了，可以馬上修正、找到錯誤原因，少走冤枉路。

余珊老師不只專業，也是真心為同學好的好老師，有資源與同學共享、願意給他人機會，真的很難得找到這麼不藏私的好老師。

職人分享
獨立芳療師 凱若琳

多年前自國外購入蒸餾銅鍋後，數次自我摸索、蒸餾香草植物，雖然歷經幾次實驗也順利取得純露，但總覺得觀念似懂非懂，無法確認自己的作法是否正確，一直想更深入了解蒸餾原理及操作。

我也曾參加不少工作坊，但內容總是草草說明，一組簡易的蒸餾設備，眾人圍觀，還是不得其門而入。所幸參加了余珊老師的純露蒸餾工藝課程，課程中由學員實機操作，從植材處理、設備安裝、純露取得等，由做中學並輔以老師講解，令人記憶深刻。

對於蒸餾的種種疑問，無論是蒸餾原理、植材處理、設備選擇、清潔方式等，在課程內容及互動討論的過程中，一一得到解答，Eddie 老師亦提供我蒸餾設備的改良方式。最難得的是，這門課程有兩位各有專精且無私分享的老師，收穫良多，不虛此行。

芳療工作者
羅文玲

身為一位芳療工作者，深知純露的益處，因此習慣在療程前讓顧客飲用純露，但適合飲用的純露取得一直是個難題，因此有了自己萃取純露的想法。

2021 年 11 月，無意間看到余珊老師開設「蒸餾工藝課程」，有種命中註定的感覺，這就是我一直在尋找的資訊啊！終於在今年 1 月參與了余珊老師的「蒸餾工藝入門」課程，上完課程心中充滿感動，余珊老師不藏私的將蒸餾學識、經驗分享給學員，課程內容豐富又有深度，讓想嘗試自己蒸餾的我少走很多冤枉路。

兩位老師的專業與熱情是毋庸置疑的，而老師成立的課後社團，更像一個藏寶庫，若有問題，老師都不藏私的為大家解答，有幸參與余珊老師的課程，我想是上天對我的眷顧吧！

Amber Lin

某天我在上手工皂課程時，手工皂老師突然拿出了一瓶褐色瓶身的「水」，她很神秘的告訴我說：「這是不容易取得的純露，是個非賣品，只要把這瓶純露加進手工皂裡，就會瞬間變成最高等級的皂！」

這番言論當下吸引了我的注意，但無奈上網查找能得到的知識少之又少，最傳統的作法就是拿個鍋用冰塊自己萃取，土法鍊鋼。那時的我和大家都一樣，想說純露應該就是個很容易蒸餾出來的產物，器皿只是個輔助而已；直到我上了余珊老師的課後，發現純露是個需要實驗、實作和學術研究數據作為輔助的專業學問，絕不是自己在家隨便拿個鍋碗瓢盆就能萃取出它的精髓。

同樣的，器皿也有考究。不同的器皿、水溫、植材等，最終得到的結果也會有差異，而這個差異性正是余珊老師授課的專業所在。這是個學無止境的新領域，也正因為它是個新領域，有余珊老師帶領著我們，替我們做了很多的研究和筆記，讓我們得以縮短了摸索期和撞牆期，也避免了因無知而使用有毒植材所造成的危害。余珊老師寫的書更是我很期待、很需要的一本工具書，有了它，就可以事半功倍、更好的投入純露的專業領域。

自然愛好者

Wen Chen

以前看很多網紅DIY化妝水，心想這對化學本科生的我應該不難，就照著網紅配方買原料來自製，沒想到幾天後竟然長菌絲了……但是為了我的乾燥敏感肌，還是得想辦法做出無化學添加的化妝水。終於，我找到目前臺灣唯一的植栽蒸餾課程，明白了純露製程中有許多小細節，若沒注意到註定壞了一鍋純露。這堂課有專業理論搭配實作，老師還帶著文獻導讀，真的是教釣魚而不是直接給魚；更令人佩服的是，老師結合課程運用也默默支持全臺各地的無毒小農，是多麼有意義的一門課啊！

身心靈工作者
Homa Ri

出於好奇，曾經買過網路上的各種純露，平時當化妝水用，狂噴也不心疼。雖然明顯感受到它的分子比高檔純露大很多，但一分錢一分貨的道理我還懂，反正是天然的就行。直到有次踩到雷，明明是我很喜歡的柑橘，聞起來卻有一種悶悶的味道，一點都不清新怡人⋯⋯

後來在網路上查蒸餾的相關資料，在眾多不鏽鋼器具、一鍵搞定的現代化蒸餾機中，看見了歐洲製造的銅製精油蒸餾器，讓我眼前為之一亮！

一直知道銅是好東西，而且這款式僅此一家；所以，雖然價格是其他簡易蒸餾器的好幾倍，但賣家非常專業，同時還開設蒸餾實作課程，讓我十分放心。

直到上課後才發現，課程竟有兩位老師同時授課，分別負責理性的化學原理與感性的操作實務。自從出了校門，好像就再也沒上過這麼精實的課程了。原以為理論會很枯燥，我已經做好放棄聽懂的準備，沒想到兩位老師用很簡單的方式說明，我雖然背不起來，但當下完全可以理解。

從選取植材到處理方式、蒸餾時間、火力等知識都非常詳細。老師們紮實的理論基礎加上實務經驗，還提供許多的資源支持，只能說非常超值，大力推薦！

噢！差點忘了重點──當天做出來的玫瑰花露，氣味層次豐富，分子細緻好吸收。每天洗完臉都自動打開冰箱，享受玫瑰的滋養。這時我才完全安心，覺得真是選對了老師！

作者於 2019 年受邀至新竹綠之苑有機農莊示範蒸餾工藝活動

作者於 2022 年受邀至屏東潮州示範蒸餾工藝活動

作者於 2022 年受邀至屏東潮州示範蒸餾工藝課程

作者於 2020 年受邀至國立苗栗農工示範蒸餾工藝

凝香，
手工純露
的科學
與實證

余珊的蒸餾教室，
花草木果 DIY 精油、
純露的萃取方程式

作 者	余珊	發 行 人	何飛鵬
繪 者	Jozy	總 經 理	李淑霞
責任編輯	王斯韻	社 長	張淑貞
美術設計	莊維綺	總 編 輯	許貝羚
行銷企劃	洪雅珊	副 總 編	王斯韻

出　　版　城邦文化事業股份有限公司·麥浩斯出版
地　　址　104台北市民生東路二段141號8樓
電　　話　02-2500-7578
發　　行　英屬蓋曼群島商家庭傳媒股份有限公司城邦分公司
地　　址　104台北市民生東路二段141號2樓
讀者服務電話　0800-020-299
　　　　　　（9：30 AM～12：00 PM；01：30 PM～05：00 PM）
讀者服務傳真　02-2517-0999
讀者服務信箱　csc@cite.com.tw
劃撥帳號　19833516
戶　　名　英屬蓋曼群島商家庭傳媒股份有限公司城邦分公司

香港發行　城邦〈香港〉出版集團有限公司
地　　址　香港灣仔駱克道193號東超商業中心1樓
電　　話　852-2508-6231
傳　　真　852-2578-9337

馬新發行　城邦〈馬新〉出版集團Cite(M) Sdn. Bhd.
(458372U)
地　　址　41, Jalan Radin Anum, Bandar Baru Sri Petaling,
　　　　　57000 Kuala Lumpur, Malaysia
電　　話　603-90578822
傳　　真　603-90576622

製版印刷　凱林印刷事業股份有限公司
總 經 銷　聯合發行股份有限公司
地　　址　新北市新店區寶橋路235巷6弄6號2樓
電　　話　02-2917-8022
傳　　真　02-2915-6275

版　　次　初版 2 刷　2024年03月
定　　價　新台幣680元　港幣227元

Printed in Taiwan
著作權所有 翻印必究（缺頁或破損請寄回更換）

國家圖書館出版品預行編目(CIP)資料

凝香,手工純露的科學與實證 余珊的蒸餾教室,花草木
果 DIY 精油、純露的萃取方程式。 -- 初版 -- 臺北市:
城邦文化事業股份有限公司麥浩斯出版:英屬蓋曼群島商
家庭傳媒股份有限公司城邦分公司發行, 2022.07
　面； 公分
ISBN 978-986-408-831-7(平裝)

1.CST: 植物油脂 2.CST: 香精油

466.171　　　　　　　　　　111008555

Homemade
Hydrosol

Homemade
Hydrosol

Homemade
Hydrosol

Homemade
Hydrosol